吴志峰　林珲　主编

活力粤港澳大湾区丛书

活力粤港澳大湾区之特色美食

陈非　刘诗嘉　黄依群　编著

SPM 南方出版传媒

广东科技出版社 | 全国优秀出版社

·广　州·

图书在版编目（CIP）数据

活力粤港澳大湾区之特色美食 / 陈非，刘诗嘉，黄依群编著；吴志峰，林珲丛书主编 .— 广州：广东科技出版社，2020.10
(活力粤港澳大湾区丛书)
ISBN 978-7-5359-7407-5

Ⅰ. ①活… Ⅱ. ①陈… ②刘… ③黄… ④吴… ⑤林… Ⅲ. ①饮食—文化—介绍—广东、香港、澳门 Ⅳ. TS971.202.65

中国版本图书馆 CIP 数据核字（2020）第 013951 号

活力粤港澳大湾区之特色美食
Huoli Yuegang'ao Dawanqu zhi Tese Meishi

出 版 人：朱文清
策　　划：黄　铸
责任编辑：严　旻
封面设计：李康道
责任校对：李云柯
责任印刷：彭海波
出版发行：广东科技出版社
（广州市环市东路水荫路 11 号　邮政编码：510075）
销售热线：020-37592148/37607413
网　　址：http://www.gdstp.com.cn
E-mail：gdkjcbszhb@nfcb.com.cn
经　　销：广东新华发行集团股份有限公司
排　　版：广州水石文化发展有限公司
印　　刷：广州龙一印刷有限公司
（广州市增城区荔新九路 43 号 1 幢自编 101 房　邮政编码：511340）
规　　格：889mm×1194mm　1/32　印张 10.125　字数 250 千
版　　次：2020 年 10 月第 1 版
2020 年 10 月第 1 次印刷
定　　价：48.00 元

丛书序

2017年7月1日，习近平总书记出席了《深化粤港澳合作推进大湾区建设框架协议》签署仪式，标志着粤港澳大湾区建设正式启动。2019年2月18日，《粤港澳大湾区发展规划纲要》正式颁布实施，标志着粤港澳大湾区的建设正式进入全面实施阶段。

一、建设粤港澳大湾区是国家战略

湾区是指由一个海湾或相连的若干个海湾、港湾、邻近岛屿共同组成的区域。湾区是海岸带的重要组成部分，有着独特的自然地理与资源环境特征。国际著名的湾区以开放性、创新性、宜居性和国际化为其最重要特征，同时还具备优越的地理构造、发达的港口城市、强大的核心都市、健全的创新体系、高效的交通设施、合理的分工协作、包容的文化氛围。《粤港澳大湾区发展规划纲要》的出台，标志着粤港澳大湾区建设正式上升为国家战略。

建设粤港澳大湾区是习近平总书记亲自谋划、亲自部署、亲自推动的国家战略，是新时代推动形成全面开放新格局的有力举措。

2014年、2018年全国“两会”期间，习近平总书记对广东工作作出重要指示，要求广东要以新的更大作为开创广东工作新局面，在构建推动经济高质量发展体制机制、建设现代化经济体系、形成全面开放格局、营造共建共治共享社会治理格局上走在全国前列。建设粤港澳大湾区，为广东、香港和澳门找到了发展的新定位，为广东、香港和澳门打造了新的发展平台，使广东、香港和澳门在新起点上扬帆起航。

二、建设粤港澳大湾区是一个创举

粤港澳大湾区包括珠江三角洲地区（简称珠三角）9座城市（广州、深圳、珠海、佛山、惠州、东莞、中山、江门、肇庆），香港、澳门两个特别行政区。有别于世界其他湾区，粤港澳大湾区有着“一个国家、两种制度、三个关税区、四个核心城市”的特点，这在人类发展史上是一个创举。

《粤港澳大湾区发展规划纲要》提出了关于粤港澳大湾区的两个阶段性发展规划，近期至2022年，粤港澳大湾区综合实力显著增强，粤港澳合作更加深入、广泛，区域内生发展动力进一步提升，发展活力充沛、创新能力突出、产业结构优化、要素流动顺畅、生态环境优美的国际一流湾区和世界级城市群框架基本形成；到2035年，粤港澳大湾区形成以创新为主要支撑的经济体系和发展模式，经济实力、科技实力大幅跃升，国际竞争力、影响力进一步增强，宜居宜业宜游的国际一流湾区全面建成。

《粤港澳大湾区发展规划纲要》明确了粤港澳大湾区的五个战略定位：一是充满活力的世界级城市群；二是具有全球影响力的国际科技创新中心；三是“一带一路”建设的重要支撑；四是内地与港澳深度合作的示范区；五是宜居宜业宜游的优质生活圈。

三、粤港澳大湾区需要合适的配套读物

为了配合国家战略的实施，我们组织出版“活力粤港澳大湾区丛书”，满足读者全面、深入了解粤港澳大湾区的需要：

建设粤港澳大湾区，各级政府的工作人员需要有一套全面介绍粤港澳大湾区的通俗读物来学习、参考和查阅，满足工作方方面面的需求。

粤港澳大湾区的中小学教师需要一套全面介绍粤港澳大湾区的读物，以便将建设粤港澳大湾区的内容融入历史、地理、思想品德和综合社会实践等课程当中。粤港澳大湾区的中小学图书馆应配备介绍粤港澳大湾区的丛书供学生学习与查阅。

前来粤港澳大湾区创业、居住或旅游的人们也需要一套相关的读物，以便深入了解粤港澳大湾区的情况。

粤港澳大湾区处在"一带一路"的重要起点，"一带一路"沿线国家和地区的人民与我国在经贸、文化方面来往密切，同样需要一套合适的图书了解粤港澳大湾区。

本丛书正好满足上述各类读者的要求，一书在手，粤港澳大湾区的情况便了然于胸。

四、本丛书特色

我们主要有以下几方面的构想和考虑：

(1) 讲好中国故事，增强文化自信，体现粤港澳大湾区丰厚的文化底蕴。《活力粤港澳大湾区之历史文化》全面和深入介绍粤港澳大湾区丰富的历史和文化，展现粤港澳大湾区文化软实力。

(2) 改革开放 40 多年来，粤港澳大湾区取得了辉煌的成就，《活力粤港澳大湾区之经济发展》和《活力粤港澳大湾区之科技创新》介绍了粤港澳大湾区经济和科技的发展情况，特别突出了粤港澳大湾区经济发展和科技创新的巨大成就，展现了粤港澳大湾区良好的发展前景。粤港澳大湾区五大战略定位中的第二、第三、第四项都在这两个分册中得到充分体现。

⑶ 生态文明建设是习近平新时代中国特色社会主义思想的重要组成部分。粤港澳大湾区将发展成一个大规模的城市群，其生态环保问题有着现代化城市的明显特点，因此，《活力粤港澳大湾区之生态环保》也突出这种特点，侧重介绍的内容有环境教育、城市河涌整治、海绵城市建设、污水处理、固体废物处理、循环经济、城市绿色生活方式等。

⑷ 粤港澳大湾区要建成宜居宜业宜游的优质生活圈，最大限度地提升人民的幸福感和获得感。为此，我们结合粤港澳大湾区的特色，规划出版《活力粤港澳大湾区之旅游观光》和《活力粤港澳大湾区之特色美食》两个分册。粤港澳大湾区五大战略定位中的第五项在这两个分册中得到了较好的体现。

建设粤港澳大湾区是一项系统工程，各方面的发展要求互相依存。我们选择上述 4 个方面作为切入点，规划出版本丛书的 6 个分册，基本能够全面和深入地介绍粤港澳大湾区的过去、现在和将来，希望可以较为全面地展现粤港澳大湾区的发展状况。

吴志峰　林珲

2020 年 5 月 8 日

前言

饮食，是人类文明的起源。美食，是达到一定技艺高度和具有一定精神鉴赏价值的“艺术品”，也是一种跨界的通行语言，不同国家、民族和文化，甚至立场相左的人们都可在餐桌上产生共鸣，进而建立信任、培养感情和增进友谊，美食也成为文明交流互鉴的“外交话语”。

建设粤港澳大湾区是新时代推动形成我国全面开放新格局的重大举措，湾区将成为我国新一轮开放及积极参与国际合作的重要平台，其核心价值是打造世界先进的科技创新中心。从地理、历史和文化等视角看，粤港澳大湾区山水相连、同根同源，既拥有共同的本底文化——岭南广府文化，又兼容五彩缤纷的外来文化元素。自古以来较长时间的对外开放和南北交流，形成了融中华和世界各地美食为一炉的美食文化——粤菜。

《粤港澳大湾区发展规划纲要》第八章第二节“共建人文湾区”提出“支持香港、澳门、广州、佛山（顺德）弘扬特色饮食文化，共建世界美食之都”。显然，这不是个一般意义的美食都会，而是在人类命运共同体和国家战略的框架下，把大湾区同时建设成为一个世界人民的“美食文化之都”的要求和指引。

首先，正确理解“粤港澳大湾区世界美食之都”的内涵。站在“一带一路”建设和放眼世界的角度，“湾区世界美食之都”具有多层深刻的含义。一是粤港澳优质生活圈的重要元素。美食是高品质生活的有机构成，是大湾区人民对“幸福生活”向往的高水平实现。美食，同时承担着“占领”高端人才舌尖的吸引力作用，是大湾区打造国际科技创新中心有味道、有温度的独特文化软实力（软件）。二是港澳（青年）乃至全球华人的“舌根家园”。粤菜，堪称中原古典饮食文化的现代活化石，是海外华人的集体舌尖乡愁，粤港澳大湾区美食文化，是全球华人味觉寻根的“乡土梦园”。三是世界人民的美食殿堂。是亚洲各国、一带一路乃至全世界人民心目中的美食丰碑和向往的美食殿堂，满足了世界人民对美好生活的向往，也解决了世界各地美食发展不平衡不充分的矛盾。

其次，充分认识“美食文化”在大湾区建设中的“软作用”。文化是软件，是软实力。美食文化有其独特的“软”作用：一是可以超越体制制度障碍建设“文化湾区”，广府美食文化本来就是相通的、一体的，交流起来几乎没有制度障碍，餐饮业是市场化程度最高的行业之一，流通上也几乎没有障碍。二是美食就是粤港澳大湾区文化的本底平台之一。建设大湾区，需要打造前海、南沙、横琴等三大平台，而“美食之都”不需要，美食像空气和水，整个大湾区就是以粤菜为本底的活色生香的天然文化大平台。三是独树一帜。与“环渤海”、长江三角洲，纽约湾区、旧金山湾区和东京湾区等相比，美食文化是粤港澳大湾区的独特标识。

最后，脚踏实地建设“粤港澳大湾区世界美食之都”。要将大湾区打造成科技创新中心，除了在产业方面交流合作，还需要美食文化的建设，同时要大力开展学术理论研究，打造食品学的学术和理论高地，形成世界级学术影响力。全面建设“世界美食之都”，既要仰望星空，又要脚踏实地，本书也是一个积极的尝试。

在粤港澳大湾区，不仅有本土粤菜美食，更有国际国内各地的特色美食。本书分别从九个部分进行介绍，分别是“广州特色美食”“香港特色美食”“澳门特色美食”“佛山特色美食”“深圳、东莞、惠州特色美食”“中山、珠海特色美食”“江门、肇庆特色美食”“来自全国的特色美食”和“来自世界各地的特色美食”。

本书的编写努力追求三个目标：一是多元丰富，尽量涵盖湾区各城市主要的本地及外来特色美食，品类上既有山珍海味、饕餮盛宴，也有街头巷陌精美小品。二是信息具体，所介绍的美食，大多在文后附了寻味地址，方便读者前往现场体验。三是便于查阅，结构完整，逻辑清晰，便于查阅。适合作为“粤港澳大湾区”政府及企事业单位领导和工作人员的案头工具书以及大湾区投资者和访问者的美食指南。当然，由于编者水平及篇幅限制等，粤港澳大湾区缤纷多彩的美食难以尽收其中，错漏在所难免，在此一并向美食界和读者致歉。

本书的编写得到了广东第二师范学院的大力支持，该校生物与食品工程学院烹饪与营养教育专业2015级学生刘诗嘉、黄依群和2016级学生卢仲娴、叶芷玮、张智龙、徐蕙妍、甘雨华、张远红等参与了本书的资料采集和编写工作，尤其是刘诗嘉和黄依群，完成了本书的大部分资料整理和编写工作。

陈　非

2020年5月20日

目录CONTENTS

PART 2 香港特色美食 069

PART 3 澳门特色美食 103

PART 1

广州特色美食

一、“食在广州”第一家：广州酒家

1935年，光复南路英记茶庄店主陈星海开设了一间酒家，取名为西南酒家。1938年毁于火灾。1940年冬，陈星海、关乐民、廖弼等人集股重建复业，取“食在广州”之意将西南酒家更名为广州酒家。1950年2月，广州酒家歇业，后由蔡伟汉出资复业。1956年2月公私合营后成为国有企业。

广州酒家名食众多。早期研制的广州酒家文昌鸡、红棉嘉积鸭、茅台鸡、蟹肉灌汤饺、沙湾原奶挞、椰皇擘酥角等，均属广州市传统名菜美点。20世纪50年代末至70年代末，在原料十分紧缺的情况下，广州酒家研制以瓜菜、番薯等物料作包点、馅料的代用品，保证大众供应；同时钻研烹调技术，创制名菜名点为“广交会”提供服务。80年代，广州酒家不断派出技术人员到国内其他地区（包括港澳地区）和新加坡、日本、加拿大等国家学习和交流烹饪技艺。在保持粤菜风格特色和酒家名牌菜点的基础上，广州酒家兼收中外，创新菜式，常年供应的色、香、味、形、皿俱佳的佳肴美食达数千款。名菜有“一品天香”“麻皮乳猪”“三色龙虾”“白玉罗汉”“广州文昌鸡”“百花酿鸭掌”“嘉禾雁扣”“广东叉烧”“香酥鸭”等；名点有“娥姐粉果”“蟹肉灌汤饺”“沙湾原奶挞”“奶油裱花蛋糕”“七星伴月”“瑞士蛋卷”“牛角包”等。

广州酒家还推出系列蕴含中华饮食文化精华的宴席，如“满汉全筵”“满汉精选”，重演2 000多年前具有岭南古风的“南越王宴”，以及仿唐、宋、元、明、清的“五朝宴”，集鲁川粤扬四大菜系风味于一桌的“原桌中国菜”，集海河鲜珍品于一桌的“海皇三辉宴”等名宴。

满汉全筵

广州酒家推出的“满汉全筵”取料共一百零八款，取三十六天罡、七十二地煞之数，寓天地万物、包罗万象之意，供宾客分四餐享用。其

广州酒家

中四时蔬果、水陆杂陈，有冷、有热、有咸、有甜、有荤、有素。“飞”有东北飞龙鸟；“潜”有鲍、参、翅、肚、生猛海河鲜；“动”有哈尔巴（系满语，琵琶骨）；“植”有猴头菇、竹笋等。款款佳肴寓意深远，如“麒麟送子”“龙马精神”“一品天香”“独占鳌头”“海屋添寿”等。

五朝宴

广州酒家曾多次组织厨点师到历朝古都实地考察，尝遍各地名店美食，与当地名厨名师共同考究古菜的发展沿革，推出了蕴含浓郁历史文化韵味的“五朝宴”，将唐、宋、元、明、清五朝的经典名菜与典故完美糅合，如“英公延寿”说的是唐太宗李世民为保重臣，毅然剪下胡须为徐茂公治病的故事；“比翼连理”出自唐代白居易《长恨歌》“在天愿作比翼鸟，在地愿为连理枝”的诗句，比喻美好情感；“白玉如意”

是明太祖朱元璋最钟爱的面食；“黄金肉”是清太祖努尔哈赤所创，被誉为“满族珍馐第一味”。

广州酒家
地址：广州市荔湾区文昌南路 2 号（文昌总店）

二、南海渔村集团

1. 空中一号

空中一号是广州奢华的地标餐厅，位于广州 CBD 核心区珠江新城信合大厦顶部（28-31 层），是南海渔村集团一手打造的高端品牌。地处城市中轴线，与小蛮腰空中对望，又能俯瞰珠水流光，傍晚还能遥望夜空中城市的星光点点。东向广州大剧院和广东省博物馆，南向珠江，西向二沙岛，北向天河商业区，从 178 米高空俯瞰下来，无与伦比的空中景观尽收眼底。大厦采用全玻璃观光电梯柱，景观电梯全程有 2 分钟，为的是让消费者有足够的时间透过玻璃欣赏地面——广州大剧院、广东省博物馆、广州西塔、琶洲、珠江和二沙岛的景观。

空中一号

97 年咸柑橘炖响螺

空中一号首创的招牌菜式，其选料讲究，配料独特，以 1997 年腌制的陈年咸柑橘做铺垫，使响螺呈现出更清甜、更鲜美的滋味，对喉咙很有好处。

97 年咸柑橘炖响螺

空中一号
地址：广州市天河区珠江新城华厦路 1 号信合大厦 28-31 层

2. 徐博馆

徐博馆岭南养生菜是南海渔村集团机构旗下品牌，也是于 2012 年精心打造的以“饮·食养生”为主题的超级巨作。徐博馆取名自创办人徐峰先生（广州中医药大学养生博士后），徐博馆同时也是广州中医药大学博士后的饮食养生研发及实验基地。“春苗夏花，秋果冬根”是徐博馆菜系研发所凭借的重要依据，他们的工作团队根据南方二十四节气的特点，将植物的本草、果实、根茎依据“三因制宜”的原则和传承的饮食养生智慧，配以世界各地优质的食材，用科学的理念打造出全新的食养方法，使其成为饮食养生的最佳选择。

徐博馆

黄芪熟地清焖羊

传统的口感，带有药材但不浓郁的香味，选用公东山羊，羊有滋阴补肾补气血的作用，公羊功效更好且肉质更佳。

金兰花汁烩龙趸皮

菜式用石斛花做汁，有提高免疫力的功效，而龙趸皮则是用超过150千克的龙趸的皮晒干加工而成，胶原蛋白丰富，具有滋阴养颜的作用。

徐博馆

地址：广州市珠江新城临江大道57号中和广场7层

三、“一盅两件，唱曲看戏”：广州著名茶楼

食在广州，魂在茶楼。广东人喜欢饮茶，尤其喜欢去茶馆饮早茶。早在清同治、光绪年间，就有“二厘馆”卖早茶。广东的茶馆有早茶、午茶和夜茶三市，以饮早茶的居多。茶楼的早市清晨4点左右开门。茶客坐定，服务员前来请茶客点茶和糕点，谓之“一盅两件”，一盅指茶，两件指点心。配茶的点心有干蒸烧卖、虾饺、叉烧包和蛋挞等。

1. 陶陶居

陶陶居始创于清光绪六年（1880），距今已有140年历史，主要经营名茶、茶点及酒菜餐饮，是广州十分有名气的茶楼之一，曾是各方文人雅士、名人商贾聚首之地。维新名仕康有为亲题“陶陶居”这三个字，寓意来此品茗，乐也陶陶。1993年被国家授予“中华老字号”称号。2005年6月被公布为广州市登记保护文物单位。作为横跨3个世纪的中

陶陶居

华老字号，“陶潜善饮，易牙善烹，饮烹有度；陶侃惜分，夏禹惜寸，分寸无遗”已成为老广东人心中陶陶居的标志。

乳猪天王

招牌菜乳猪天王，皮脆肉滑，蘸砂糖或者甜酱吃都很美味。可以说陶陶居的乳猪久负盛名，称之为“天王”也绝不为过。

乳猪天王

一口酥豆腐

一口酥豆腐几乎是来陶陶居的客人必点的菜肴之一。脆爽的酥皮裹住了嫩滑的豆腐，口感清爽酥脆，一粒豆腐仅比骰子大一点，外面酥脆，里面豆腐质地极其软滑，咬下去好像爆浆，而且爆的是豆腐浆。此菜肴蘸食泰国鸡酱，口味甜辣、酥香脆嫩。

粤菜厨师长李法生介绍：“这款豆腐好吃的秘诀便是粉比豆腐贵，即外层所裹的这层豆腐粉配料丰富、作用重大，既赋予豆腐酥脆的口感，还能外隔油、内隔水，也就是说既不会过度吸油，又能阻隔豆腐中的水分外渗，使其长时间保持酥香。”

陶陶居
总店地址：广州市荔湾区第十甫路 22 号

2. 点都德

老字号“点都德”源于1933年，创始人为沈绍清先生。“点都德”来源于粤语“点都得”，意为“怎样都没有问题”，体现出广州人随和务实的性格特征。至今，这不仅是一句口头禅，更是广州家喻户晓的连锁茶楼品牌。趟门、牌匾、对联、琉璃瓦、满洲窗、鸟笼吊灯……尽显岭南风情；氤氲的紫砂壶功夫茶配上小炉滚水；青皮慈竹蒸笼里是即点即蒸的虾饺、烧卖、叉烧包……

金牌虾饺皇

虾饺是广州饮茶文化中必不可少的“四大天王”之一。点都德金牌虾饺皇的秘密在于每只虾饺都选用新鲜的九节虾制作，口感与众不同。弯梳形的半透明的饺皮吹弹可破，鲜甜整虾与马蹄粒若隐若现，咬下去滑润弹牙，美味的馅汁鲜而不腻。2015 年点都德成功申请海珠区非物质文化遗产金牌虾饺皇技艺保育单位。

蜜汁叉烧包

叉烧包是广东最具代表性的传统名点之一。点都德的蜜汁叉烧包特别选用嫩面种，采用不过夜的发酵方法，减少碱水量，面皮吃起来特别香甜；选用小块、肥瘦适中的叉烧做馅，肥瘦均匀的叉烧搭配秘制而成的叉烧酱，蒸熟后包子顶部自然开裂，渗发出阵阵叉烧的香味，叉烧软嫩饱满不粘牙，每一口都回味无穷。2015 年点都德成功申请越秀区非物质文化遗产叉烧包技艺保育单位。

日式青芥三文鱼挞

日式青芥三文鱼挞是点都德将日式食材与广式点心巧妙结合的新式点心。最上面一层是芝士，内里的馅料是沙律混合三文鱼，还夹杂着淡淡的芥末味道，底部则是酥脆的蛋挞。它将蛋挞的奶香味和三文鱼的鲜味、青芥的辣味融合在一起，口感层次丰富。

日式青芥三文鱼挞

点都德

地址：广州市越秀区中山一路 57 号

3. 莲香楼

莲香楼的前身是1889年在繁华的西关开业的一间糕酥馆，专营糕点美食，店中制饼师傅通过改良制饼工艺，利用莲子来制作饼点的馅料，使之独具一格。清光绪年间，改名为“连香楼”并扩大经营，在香港九龙开设了3家分店。该店严格选用当年产的湘莲，制作讲究，因此生意兴隆。宣统二年（1910），翰林学士陈

莲香楼

如岳提议给连字加上草头，并手书“莲香楼”三个雄浑大字。从此，莲香楼的莲蓉食品家喻户晓，被誉为“莲蓉第一家”。莲香楼的月饼有40多个品种，以莲蓉为主料的月饼品种便有20多个。首创的蛋黄莲蓉迷你月饼、椰汁年糕等深受欢迎，远销港澳地区和欧美国家。

莲香虾饺皇

新鲜出炉的莲香虾饺皇晶莹剔透，透出微微的粉红色。咬开虾饺，皮薄若蝉翼，虾肉爽口又弹牙，鲜甜度满分。

凤凰流沙包

凤凰流沙包口感柔韧、麦香浓郁，营养价值很高。凤凰流沙包外表和普通馒头并无不同，咬一口方知区别：唇齿未切进芯，一股冒热气的金黄细沙汩汩流出，由于馅料丰厚，缓缓地淌进你嘴里的感觉，妙不可言。鲜艳的色泽、流动的沙感，甜中带咸的味道总能让人回味无穷。

莲香楼
地址：广州市荔湾区第十甫路67号

4. 点旨一盅

“点旨”在粤语中与“点止”同音，意思就是“何止”，这里的“一盅两件”真的不仅仅是点心，更多的是创意。同时，点旨一盅的装修风格也体现了其将传统与潮流结合的决心，镶满餐盘的墙面、洋气的吊灯和素雅的餐桌餐具，都符合现在年轻消费者的审美喜好。点旨一

点旨一盅

盅本着创新饮食的潮流理念，将手工创意点心作为主题，打造出一个全国少见的“饮奶茶，吃点心”的细分市场。为了推广这种文化，更首创“至Young 茶位”，用港式饮品代替中国茶。自推出以来，大众已经渐渐接受吃点心应该饮奶茶的饮食新时尚了。

黑皮鸡枞菌法包

黑皮鸡枞菌本身具有很高的食用价值和药用价值，细嫩醇香的黑皮鸡枞菌加上黑松露菌酱，使香气已经馥郁逼人，香脆的法包涂上嫩滑的鹅肝酱，呈现出另外一种强烈的口感，一软一硬的碰撞足以激发食客的食欲。

黑皮鸡枞菌法包

咕噜虾球汉堡

造型迷你可爱的咕噜虾球汉堡一口一个十分过瘾，西式的汉堡配上中式的咕噜虾球，是餐桌上的中西结合，味蕾的碰撞由此开始。

点旨一出

地址：广州市海珠区新港中路 354 号珠影星光城 112 铺

四、广州三大园林酒家：泮溪酒家、北园酒家和南园酒家

1. 泮溪酒家

泮溪酒家坐落于荔湾湖公园，这里是 1 000 多年前南汉王刘铱的御花园“昌华苑”，曾经“白荷红荔、五秀飘香”的“荔枝湾”。1947 年，

粤人李文伦在这片“古之花坞”上创办了用木竹、杉皮搭于藕塘之上的一家充满乡野风情的饮食小店。该小店销售以当地特产“泮塘五秀”（莲藕、菱角、慈菇、马蹄、茭笋）为原料的菜式和点心，并以地道的郊菜鲜虾肠、泮塘马蹄糕、八珍茭笋皇、郊外大鱼头等独具地方特色的风味食品为招牌，深得市民的喜爱，名声逐渐传开。1958 年，酒家由国家投资改建，两年后复业，并随附近的一条小溪而命名“泮溪”。

象形点心宴

泮溪酒家拥有一支优秀的点心师技术队伍。1960 年，以罗坤为主的点心师傅巧妙运用食品拼盘的方法，给点心伴以象形的图案和花边，提出了“点心入宴席”，创制了“象形点心”，开设了“点心宴”先河，成为泮溪酒家的常年名宴。象形点心宴由八咸点、四甜点、两汤点配套而成，造型逼真，口味多变。1983 年，其中有八大美点被广州市人民政府命名为名点，分别是绿茵白兔饺、像生雪梨果、鹌鹑千层酥、蜂巢蛋黄角、生炸灌汤包、晶莹明虾甫、泮塘马蹄糕、清香苹叶角。

泮溪酒家

绿茵白兔饺是泮溪酒家特级点心师罗坤的杰作，他将传统鲜虾饺捏成长尖形，用剪刀剪出两只长耳朵，用火腿粒点上形成眼睛，再拌入碧绿的芫荽和鸡蛋丝，就做出一群活蹦乱跳在草地上嬉戏的“小白兔”。此点心形象逼真，享誉海内外，澳大利亚前总理弗雷泽也曾到泮溪酒家赴宴。当“绿茵白兔饺”上席时，只见一只只栩栩如生的“白兔”在碟上，旁边还有几片芫荽，犹如白兔嬉戏于草丛间。

泮溪酒家
地址：广州市荔湾区龙津西路 151 号

2. 北园酒家

北园酒家创建于 1928 年，广州沦陷时被毁，1947 年在原址附近的小北花圈口重建开业。北园酒家是广州最具岭南庭园建筑特色的园林式酒家，鱼池石山、小桥流水、曲径回廊，宴会厅富丽堂皇，布局典雅华丽，陈设古色古香，凭借以“岭南至臻，尊贵粤菜”为主题的传统正宗粤菜和良好的服务而驰名中外。1964 年 7 月 14 日，著名文学家郭沫若赴越南访问，途经广州在北园酒家饮早茶，赠诗一首：“北园饮早茶，仿佛如到家，瞬息出国门，归来再饮茶。”著名画家刘海粟 87 岁高龄时到此宴饮，即席挥毫“其味无穷”大字相赠。

花雕鸡

花雕鸡是北园酒家的镇店名菜，它以砂锅为炊具，在砂锅内煎香猪肥肉至出油，炒香小洋葱与香葱，佐以酱油、冰糖等调成的料汁及大量的花雕酒，待香气蒸腾后下入切块的鸡肉焖煮直至酥软入味。选取清远笔架山的三黄鸡，肥瘦适中，鸡味浓郁；而香味的关键则是须选用 15 年以上的花雕酒。此外，焖煮花雕鸡必须用砂锅，因其有着良好的导热性，在焖煮鸡肉的同时能使美味的酱汁全都渗入鸡肉之中，吃起来滋味十足。

北园酒家

原澳门商会会长何贤每次来北园酒家都要点花雕鸡，且吃完鸡后一定会把酱汁留着拌河粉吃，曰“花雕鸡连汁都好味”。这酱汁浓缩了猪油、花雕酒、鸡肉的味道，拌上河粉堪称人间美味，真是恨不得把砂锅里最后一滴酱汁也刮干净。

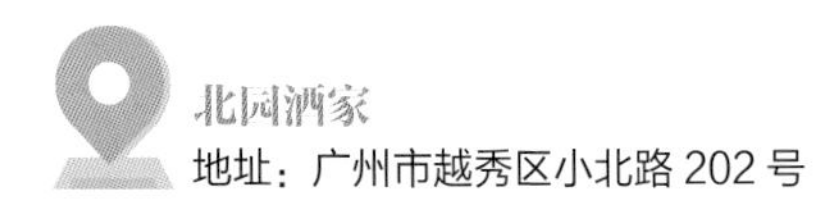

北园酒家
地址：广州市越秀区小北路 202 号

3. 南园酒家

南园酒家始创于 1963 年，采用青砖绿瓦、翘角飞檐、亭台楼阁、小桥流水等岭南建筑园林风格设计，园内竹林婆娑，鸟语花香。一代文豪

南园酒家

郭沫若先生曾即席挥毫，给南园酒家留下了脍炙人口的诗句。南园酒家可筵开150多席。南园酒家以中餐为主，潮州菜作为特色，并设有西餐、日式菜、越南菜、泰国菜等美食，可谓集现代与传统、中西、南北美食于一身。传统的名菜有佛跳墙、潮州烧雁鹅、潮州豆酱鸡、潮州扒大翅、护国菜、虾饺、蛋挞、XO酱萝卜糕、顺德猪杂粥、奶皇包、流沙包、叉烧酥、拉肠、春卷、烧鹅、糯米鸡、木瓜西米糕、鳝片、奶黄包、泮塘孖等。创新时尚的名菜美点有云影金镶玉、南园头抽牛柳、上海干烧鱼头等。南园酒家集世界各地菜色之精华，丰富了“食在广州”的内涵，弘扬了广州饮食文化。

佛跳墙

南园酒家的传统名菜“佛跳墙”享誉粤港澳。这一菜式原名为“福寿全”，兴起于清代同治年间，为福州名菜馆聚春园首创。当时有一位秀才曾经吟诗赞它:“坛启荤香飘四邻，佛闻弃禅跳墙来。”其滋味之美，使吃斋修行的和尚也禁不住要跳墙过来吃一顿，故称“佛跳墙”。南园酒家的“佛跳墙”，沿用福州菜馆的制作方法，用鸡、参、翅、肚、冬菇、猪脚筋、鱼唇、火腿等 28 种原料配制，加绍兴酒和福建老酒，贮入绍兴酒坛中，拌泥密封，以文火煨制，味美汤浓、芳香四溢，是秋、冬两季上佳的菜肴。

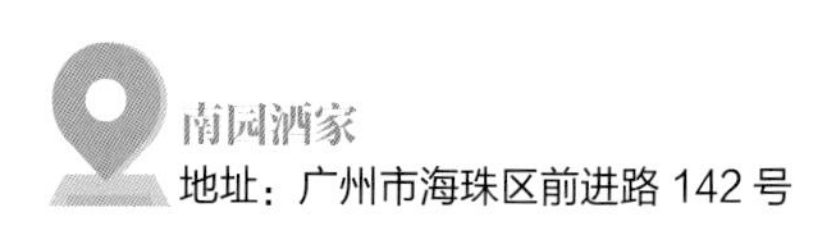

五、顺德生拆鱼蓉羹：温祈福酒家

温祈福酒家芳村店由中华粤食泰斗、中国餐饮管理大师温祈福先生创建于 2009 年。在餐饮业 65 年的心血与智慧，成就了餐饮匠人——温祈福。他曾让作为老字号的广州酒家避免了被时代淘汰的命运，得到了重生，他创造了广州酒家集团今天的基业。70 岁的他，从广州酒家荣退后发挥余热下海创业，创立了“温祈福”酒家品牌，如今（他已 79 岁）开设 3 家分店。

顺德生拆鱼蓉羹

顺德生拆鱼蓉羹历史悠久的岭南传统汤品。选用鲜活的鲩鱼，蒸制后以手工拆成鱼蓉，结合丝瓜、木耳、粉丝等配菜，再加入榄仁、陈皮等精制而成。此做法能把鱼羹的鲜甜带出来，美味可口，营养价值较高，充分体现出顺德人烹鱼的理念与情怀。

顺德生拆鱼蓉羹

温祈福酒家

温祈福酒家
地址：广州市荔湾区花蕾路10号(芳村店)

六、广州冰室：顺记、皇上皇

冰室，又叫冰厅，广州话用以称呼冷饮店。冰室是南粤地区一种主要售卖冷饮、雪糕及沙冰等冷冻食品的饮食场所，以前广州的冰室会售卖雪糕、冻奶、冰水，兼卖咖啡、奶茶等热饮和西饼面包。广州有四大冰室，分别是阳光、顺记、皇上皇、美利权。

1. 顺记冰室

顺记冰室

顺记是鹤山人吕顺在20世纪20年代开创的。起初为了谋生，他到泰国投靠姨妈，在那里学会了制作热带水果口味的雪糕。回到广州后，吕顺开始做小贩生意，挑着雪糕到上下九一带售卖，很受一些西关富人们的喜爱。后来，“顺记冰室”也深受富家子女、巨贾豪商的喜爱，甚至柬埔寨西哈努克国王、伊朗国王的三公主等一些外国元首和贵宾来广州的时候，也会到店一试。“顺记有三宝，椰子芒果榴莲好”，直接说出了顺记冰室的三种主打雪糕。

椰子雪糕

椰味清新，入口即化，满口尽是椰香味。

香芒雪糕

甜味浓郁，还能吃到芒果的丝丝纤维和果肉。

榴莲雪糕

甜而不腻，为正宗的猫山榴莲味，令人回味无穷。

顺记冰室

地址：广州市荔湾区宝华路83号（近宝华面店）

2. 皇上皇冰室

走进传统老街上下九的皇上皇门店，穿过满挂的腊肠，沿着“用餐请上二楼”的指引上楼，皇上皇冰室就藏身于此。20世纪40年代，该店老本行是做腊味，因为春夏季节多雨无法制作腊肠，所以店主谢昌决定从美国引入雪糕机进行创新，售卖雪糕冷饮维持生计，没想到这一创新颇受顾客欢迎，从而延续至今。这里的甜品、冰冻饮品都是传统款式，且饮品的价钱都非常公道，充分体现老广州的冰室文化。

俗话说：“秋风起，食腊味。”腊味生意一般在每年入冬大约 100 天的时间内较旺，其他时候，工人们大多返乡谋生。店主谢昌当然不愿只有如此短暂的经营时间，他发现位于第十甫的“加拿大冰室”生意很好，于是萌生了开冰室的念头。1947 年初，谢昌为了在经营上做到淡季不淡、旺季更旺，匠心独具地制定了“三阵并施，全年统筹”的营销策略。所谓“三阵并施”就是在冬季全力以赴制造腊味，并将此叫作以火为主的“朱仙阵”；在夏季开设冰室业务，并将此叫作以冷为主的“阴风阵”；在春秋季，则充分利用腊味的“下脚料”穿插制皂业务，并将此叫作不冷不热的“温和阵”。

红豆冰雪糕

保证红豆绵软顺滑的同时又粒粒分明，雪糕球还保留了以前的风味，香滑浓郁，红豆冰雪糕可以说是十分解暑了。

七、“无鸡不成宴”

广东人称“无鸡不成宴”，粤菜中鸡的菜式有 200 多款，最为经典的是白切鸡。白切鸡又名白斩鸡，原汁原味，皮爽肉滑，大筵小席皆宜，深受食家青睐，是两广名菜。白切鸡的做法是水烧开后开盖浇淋鸡体至刚熟，即鸡腿部分骨头里还有点红。

得心鸡

得心鸡

得心酒家位于惠福西路，招牌菜得心鸡，分为普通版和升级版，升级版用的是黑羽文昌鸡，红冠、黑吻、黑脚爪。得心酒家有自己的农场，鸡在农场中用五谷杂粮饲喂，养到200天左右方来到餐桌上，就连普通版的鸡，也会养到160天左右。得心鸡在蘸料上也配了三种口味，包括常规传统的姜葱蓉、热油淋过的豉油葱以及略带一点酸味的青芥辣，三种口味可以说是各有千秋。

得心酒家
地址：广州市越秀区惠福西路93号（近海珠北路口）

清心鸡

清心鸡选用的是养到150天左右的1.6千克的走地麻鸡（清远1.5号麻鸡），所以成品皮爽肉滑，连骨头都有味道，而且该鸡种拥有优质鸡必有的天然网纹，长辈们说，只有优质的鸡，才能拥有这种独特的网纹。因为鸡种选用的是山上的走地麻鸡，所以鸡皮的皮下脂肪少，鸡皮很薄。杀鸡以后3小时制作好，鸡没有进过冰箱冷冻，足够新鲜，因此夹起来的时候可以看到只有新鲜的优质鸡才会出现的犹如果冻一般的鸡汁。

清心鸡

最后用陈年鸡汤浸泡和冰镇，保持鸡肉的鲜甜本质，也令整只鸡更加皮爽肉滑。另外，斩鸡手法和姜葱的配料也十分讲究，细品一块，味及骨髓，姜油味浓郁，又鲜又香，让人“食过翻寻味”！

广州清心鸡沙田乳鸽店（芳村总店）
地址：广州市荔湾区花地大道北 20 号

白切鸡

白切鸡又叫白斩鸡，是中国八大菜系之一粤菜鸡肴中的一种，始于清代的民间酒店。鸡肉原汁原味、肉质鲜嫩。先把姜丝、料酒、盐和葱放入鸡的腹腔内腌制一段时间，再把葱和腌好的鸡放进烧开的水里，盖上锅盖烧一段时间，盛出后将做好的鸡斩成块装盘摆好，最后洒上香菜叶。据介绍，制作白切鸡有一些要点需要留意：1. 浸鸡的具体时间要视鸡的大小、肥瘦来决定，一般在 18～25 分钟。在水够多的情况下，时间可减少。2. 制作白切鸡的关键是在水微沸时将鸡浸至刚熟，再用冷开水过冷而成。检验鸡的成熟度可以摸捏鸡的腿部，以大脚筋紧缩、鸡腿肉紧实、鸡胸肉紧实为熟。

朱仔记食府总店
地址：广州市海珠区南泰路 429 号

豉油鸡

豉油鸡是比较出名的广东家常菜，因用料简单、做法简单，味道却特别好而备受大众的喜爱。半岛御珍轩

豉油鸡

酒家的“金牌豉油鸡”选用的是清远走地鸡，将其在秘制卤水中浸泡后，再加入天然生晒的豉油、陈年花雕进行制作，其肉味鲜美、口感嫩滑、滋味入骨。

半岛御珍轩酒家

地址：广州市二沙岛渔唱街 1 号新创举中心 2-3 层

葱油鸡

向群饭店龙津路总店始创于 1992 年，是典型的传统粤菜老店，其前身实质是一家小小的“向群冰室”。店内现今依旧保持着小冰室的简洁装修风格，环境和服务都不讲究，但其众多菜肴因为匠心制作、风味独具而畅销不衰。无论是街坊邻里，还是海内外知名的食家与商贾，均是其忠实的拥趸。

正宗的家常粤菜总是吸引众多食客慕名前来，招牌葱油鸡的用料是走地鸡，皮爽脆，肉质嫩滑，味道名不虚传。向群饭店用的都是 1.25 千克左右的走地三黄鸡，脂肪较少，结实爽弹，鸡皮滑溜，鸡味浓郁。这道鸡的吃法跟常见的蘸汁白切鸡不同，葱油鸡是以豉油王打底，姜蓉、葱、花生、菜梗铺满整碟鸡，吃之前淋上滚烫的花生油。淋的花生油也是非

向群饭店

常讲究，大厨会将自己选购的农家花生交给榨油大厂榨制，待加温到100℃后再痛快地淋在葱和鸡上，使鸡还未上桌食客就能远远地闻到浓郁的葱油香味，一咬下去，浓郁的肉汁就混合着葱姜味爆发出来，爽滑鲜嫩，唇齿留香。葱油鸡的做法其实并不复杂，选用晾晒过的本地土姜和葱的精华部分葱白，再用高于100℃的滚烫花生油淋到白切鸡上爆出葱姜香味即可。

葱油鸡

向群饭店

地址：广州市荔湾区龙津东路853-857号（近光复北路）

文昌鸡

海南文昌鸡是海南省文昌市的特产。文昌市优越的地理条件打造了文昌鸡香甜嫩滑的独特肉质风味。据史料记载，文昌鸡约在1600年前随岛外移民引入文昌。对文昌鸡的描述，最早见于清代的《岭南杂事诗抄》。书中称“文昌县属有一种鸡牝，而肉若牧肉，味最美，盖割取雄鸡之贤，纳于雌鸡之腹，逐不生卵，亦不司晨，毛羽渐疏，异常肥嫩。以其法于他处试之则不可，故曰文昌鸡”。现代，文昌鸡以集约化的方式养殖，即在山场树林之中放养，给它空间，让它自由活动并采食充足的野果以及螺、虫、蜢等动物蛋白，早晚再喂食少量大米、糠和番薯之类的农作物，真正做到了原生态养殖。放养6个月后，鸡已可食。不过，宰杀之

文昌鸡

前，还需将鸡置于安静避光处笼养，禁止其随便走动，育肥60天左右，这便是文昌鸡的独特之处。大椰公馆的“海南文昌鸡”选用的是在文昌自养的文昌鸡，将鸡浸熟后，不过冷水。其皮色白而脆，肉质爽而滑，鸡味浓郁，鸡油爽口而不腻，独具甘香！

大椰公馆创办于1997年，以海南文昌鸡为主打菜，坚持文昌鸡自供自养，是广州第一家用飞机从海南空运文昌鸡到广州的餐饮企业。其装修别具一格，集优雅、经典、怀旧与现代于一身。

大椰公馆
总店地址：广州市机场路284号海南城3层（近邦国酒店）

八、乳鸽

沙田红烧乳鸽

广州清心鸡沙田乳鸽店的乳鸽原料选用的是6两的小乳鸽，乳鸽品种是细种鸽、巨型鸽的杂交鸽，其肉质更加浓香馥郁。通过浸泡白卤水、糖浆、醋，使得鸽肉入味，在炸制后鸽皮香脆。乳鸽下油锅前师傅要晾干其身上的水分，炸乳鸽时，要细心

沙田红烧乳鸽

地清除鸽颈上的肥膏，在离锅前最后一分钟，还得不停地往乳鸽身上浇沸油，这样才能做出一只皮酥肉嫩汁香的红烧乳鸽。

清心鸡沙田乳鸽店从食品的选材到出品，都力争做到完美。“沙田红烧乳鸽”以其皮脆骨香、汁多味美获得各项大奖。

广州清心鸡沙田乳鸽店

广州清心鸡沙田乳鸽店（五羊旗舰店）
地址：广州市越秀区寺右新马路 170 号首层

金牌红烧乳鸽

唐荔园的“金牌红烧乳鸽”选用的是自家农场原生态放养的国际名鸽法国白卡奴乳鸽，其肉质细嫩而鲜美。经过蜜汁卤水的炮制，呈现出一种独特的“幽香”，加上唐荔园用心配置的药材，巧妙地引出乳鸽的滋补作用，可谓是一款既可口美味又保健的佳品。

唐荔园相传建于清道光年间。追溯历史，早年广州西关黄沙西侧一带，是闻名遐迩的荔枝湾所在地，一湾清水、两岸悬红、荔林飘香、名园雅居荟萃，而唐荔园更是其中佼佼者，政要、文人、墨客、雅士常聚其间，品茶尝点、啖荔之余，赋诗作词，曾留下不少精辟佳作。及至近代，一些革命元老常

金牌红烧乳鸽

到该地作客，品茶啖荔。陈独秀曾即兴撰联，妙笔生花:“文物创兴新世界，好花开遍荔枝湾。”

中华人民共和国成立后，朱光市长曾在《望江南·广州好》诗中，洒脱美言：“广州好，夜泛荔枝湾。击楫飞觞惊鹭宿，啖虾啜粥乐馀闲。月冷放歌还。”更点出荔枝湾是游河时品尝传统美食的地方。

唐荔园

地址：广州市荔湾区如意坊12号

盐焗乳鸽

在广州，说到乳鸽，就不能不说“大鸽饭”。创立于2007年的大鸽饭在这13年来，以乳鸽为主题打造餐饮品牌，以匠人之心专注做鸽，不断超越自我，创造了年销乳鸽350万只的奇迹，成为餐饮行业中传播“中国品牌”价值的“标兵”，从而成功入选“中国品牌创新发展工程”。店里用的鸽子为中山石岐乳鸽，肉质纤维幼嫩、多汁骨软，20天的饲养鸽龄，保证肉质口感。盐焗乳鸽是中山大鸽饭的招牌，全广州首创。大厨先用新鲜鸡骨、猪大骨汤把乳鸽浸到八九成熟，然后加入红葱头、鲜砂姜等香料增香，最后用炒香的粗盐充分裹紧乳鸽烘烤，一整只鸽撕开，汁水横流，香味扑鼻。这丰富的肉质纤维，富有嚼劲，味道咸香，且骨头香脆，嚼起来非常美味。

盐焗乳鸽

大鸽饭

总店地址：广州市天河区棠下二社涌西路69号天辉大厦首层（沃尔玛）西侧（棠下旗舰店）

九、肠粉：银记肠粉、华辉拉肠、源记肠粉

肠粉又叫拉粉、卷粉、猪肠粉、布拉肠粉，是广州小吃的代表作之一。肠粉是一种非常普遍的街坊美食，它价格低、味美，老少咸宜，从不起眼的食肆茶市，到五星级的高级酒店，几乎都有供应。因为早市销量大，多数店家又供不应求，人们常常要排队才能吃到，因此又被戏称为“抢粉”。

肠粉其实是一种米制品，制作方法是将米浆平铺于模具上，加入配料，蒸出薄薄一层，蒸好后刮出，卷成条状，浇汁即可。肠粉洁白如玉，薄如纸张，油光闪亮，爽滑微韧，香滑可口，味道鲜美。

1. 银记肠粉

银记肠粉店创建于 20 世纪 50 年代，主营肠粉、粥等。多年来，它凭借质优味美的传统布拉肠粉驰名粤港澳，现已发展为连锁餐饮企业。其肠粉以“粉薄、味鲜、爽滑、口感独特”的特点赢得了“白如玉、薄如纸、爽滑微韧、味道鲜美”的评价，成为广州传统布拉肠粉的代表作。

银记肠粉店

韭黄鲜虾肠粉、牛肉鲜虾鸳鸯肠

鲜虾肠粉是肠粉中的极品，价格最高，制作难度也最大。银记肠粉店的师傅经过长时间的研究，直至2000年初才推出一款白里透红、与众不同的“韭黄鲜虾肠粉”。整整一大颗虾仁，配上独特的酱汁，吃起来爽滑，散发着米香，配上生菜清新不油腻。牛肉鲜虾鸳鸯肠，选用新鲜磨制的米浆、上等甜酱油腌制的牛肉以及新鲜大虾，以专用炉具快速蒸熟。甜酱油透过蒸汽瞬间锁在牛肉里，此时牛肉的鲜香被蒸发了出来，肉感弹牙滑口，蒸制的大虾也弹滑爽口，每一口都是无尽的享受。银记肠粉不仅肠粉美味，粥品也非常出名。滑鸡粥、荔湾艇仔粥、状元及第粥等，都是老广州人的至爱。银记“韭黄鲜虾肠粉”“豉油皇牛肉肠”“滑鸡粥”更是在2003年被中国烹饪协会评定为“中华名小吃”。

肠粉

银记肠粉店

总店地址：广州市荔湾区文昌北路345号之一、之二、之三首层（近龙津肉菜市场）

2. 华辉拉肠

华辉拉肠店创立于1996年，位于同福西路龙导尾市场，店面虽然不大，却为街坊四邻带来了健康、地道的广式美食。华辉拉肠选用增城白水寨下的种植基地所产的早稻米，这种米淀粉含量高、色泽好，磨出来的米浆黏稠度与爽口度恰到好处，再采用传统加工方法制作每一碟拉肠。招牌牛肉拉肠，选用乌拉圭进口的特级牛肉，不仅拉肠滑爽，里面的牛肉更是嫩口，再淋上反复调制的酱油，最是美味。鸡蛋拉肠的制作工序与牛肉拉肠相似，不同的是推回拉肠炉3～5秒之后，就可以将其拉出，最大限度地保留鸡蛋的鲜滑。鸡蛋拉肠油光闪亮、香滑可口、绝对料足。细细咀嚼，大米的香气顿时充满口腔，与酱汁完美融合。酱汁往往能决定一碟肠粉的“好坏”，而华辉拉肠的酱油是与“酱油大王”李锦记共同研制出来的，适合老广的口味，也最搭配拉肠的口味。

华辉拉肠

华辉拉肠店
总店地址：广州市海珠区同福西路 198 号首层

3. 源记肠粉

源记肠粉店，不只保有多年如一的旧环境，这里的肠粉也是不变的“布拉”做法。细滑的粉浆薄铺蒸盘，鲜虾、猪肉、牛肉、油条、鸡蛋、猪肝、猪肠配料足量放满，一层蒸盘出炉的时间与下盘的准备时间无缝衔接，出碟时淋上自制酱油，一碟完美肠粉就完成了。至于广东人喜爱的“斋肠”，则是首先舀一勺白白的纯米浆倒到四四方方的板上，迅速晃动几下，等米浆在板上分布均匀，紧接着塞进抽屉式的铁柜，一板接着一板塞进去稍等片刻，师傅又一板一板从铁柜里抽出来，白白的米浆就变成了晶莹剔透、薄如蝉翼的“米粉布”。只见师傅用铁铲子灵活地把“米粉布”叠起来，中间一砍，然后往盘子里一放，拿起酱油瓶，一溜过，“斋肠”就完成了。

源记肠粉店
地址：广州市荔湾区华贵路 93 号

十、“秋风起，食腊味”

俗语说：“秋风起，食腊味。”每到秋季，油光发亮、红亮紧实、色如琥珀的腊肉、腊肠、腊鸭便飘香在大街小巷，令人食欲大增。腊肉，因在冬天将肉类以盐渍经风干或熏干制成而得名。早在周朝的《周礼》《周易》中已有关于“肉脯”和“腊味”的记载。广式腊味最重要的口感是甜。名品有生抽肠、老抽肠、鸭肝肠、瘦肉肠、猪心肠、鲜虾肠、冬菇肠、鱿鱼肠、玫瑰肉肠、牛肉肠、东莞腊肠、金银润、五花腊肉、酱封肉等数十种。

1. 沧洲栈

清光绪二十九年(1903)，在佛山永安街沧洲烧腊店打工的香山(今中山)大黄圃人黎敦潮等人合股在惠爱中路(现中山四路)开设烧腊店。黎敦潮为感怀佛山沧洲腊味店师恩，借清代书法家吴恬胜的墨迹做了一块金字黑漆招牌“沧洲栈”，意为佛山沧洲的分店，使其成为广州第一间有招牌商号的腊味店。沧州栈在全国腊味行业中确立了自己独树一帜的

沧洲栈

制作工序和风味特色，对促进广式腊味的生产和发展功不可没。沧洲栈的腊肉肥而不腻，制作工序比一般的腊肉制作多了几道。沧洲腊味的名牌产品有“生抽腊肠”“鲜鸭肝肠”。前者具浓郁的“豉味”，精选五花肉腌制而成，色泽均匀、油润，吃进嘴里肥而不腻；后者具鸭肝的鲜味、糖酒的香味以及肉的腊味，口感鲜美，两者闻名遐迩，深受顾客欢迎。

生抽腊肠

沧洲栈的生抽腊肠选用的是新鲜前后腿猪肉，肠衣统一口径、厚薄均匀，由本店伙计自行吹制肠衣，并选用正牌的江西回龙酒和天津玫瑰露酒、上等白砂糖、本市“河南酱”所产生抽。生抽要用细管在缸中慢慢抽出，慢慢筛滴，买一次生抽就要一整天，生抽买回后还要放在天台继续“生晒”，如此一番精工细作后，才能使用，用这种经过特殊处理的生抽炮制出来的生抽腊肠，才具有浓郁的“豉味”。

腊肠

沧洲鲜鸭肝肠

沧洲鲜鸭肝肠是选用新鲜的鸭肝，配以白糖、酒、生抽等，经过特别的加工处理而制作出的别具风味的产品。它的特点是保持了鸭肝的鲜汁味和糖酒味，吃起来香滑可口，既有“腊味”，又有鲜味。沧洲生抽肠、沧洲鲜鸭肝肠多次获得省市及中央有关部门的嘉奖，沧洲金福腊肠、豉味五花腊肉还在 1998 年被评为“全国食品行业名优产品”。

2. 八百载

20 世纪 30 年代中期，番禺市桥人氏谢柏只身到广州谋生，挑担叫卖山土什货，穿街过巷于长堤、黄沙、十八甫一带，所售货物以生切烟丝、竹帽木屐为主。1937 年初，谢柏决心结束挑担生涯，在海珠南路设铺经营。开业之初，仅售 24 味凉茶，其后又增设了粥粉面食。谢柏开店以后，经过 1 年的苦心经营，结合自己对市道情况反复观察比较，再与自身经济实力分析，得出方兴未艾的腊味行业最适合自己经营，于是决意把小食店改为腊味专营店，再创一番事业，并为腊味店取名为“八百载”。“八百载”的黑漆牌匾四周，有 10 组“价真不二”图案环绕，以示该店经营宗旨：货真价实，童叟无欺。后因其弟谢昌也经营腊味，与八百载分庭抗礼，故特在招牌上加上“太上皇”，显示八百载字号更老。

八百载腊味店

谢柏为开设腊味店，专门请来两名中山黄圃的腊味师傅，专司加工腊肠。为创出自己店铺的特色，八百载自建业之初便独创出别有风味、与众不同的“香化鸭肝肠”，并以此作为招牌货，广为宣传。几十年来，八百载的招牌产品“八百载香化鸭肝肠”和“八百载风肠”一直受到消费者的青睐。

香化鸭肝肠

香化鸭肝肠全部选用上等肉类和配料。在制作时，先取新鲜鸭肝除筋去胆，切成粒状，然后用鲜虾生抽、山西汾酒、白糖、姜汁、陈皮等配料腌制；猪肉粒肥瘦三七对开，搭配均匀，其中肥肉粒还需要先加白糖腌制成冰肉，再经温水漂洗；最后将腌制好的鸭肝粒、猪肉粒拌匀，灌入自制的本地肠衣，用明炉炭火将其烘干。以此精料巧制的鸭肝肠，色泽鲜润，香味浓郁，皮脆肉松，入口酥化，其咸中带甜的口味特别适合广州人。加上其质量有保障，价格适中，能长期储存，深受广大顾客的喜爱。

八百载
总店地址：广州市越秀区德安路与龟岗大马路交叉口西南角

3. 皇上皇

始创于1940年，创始人谢昌原本是做一些腊味咸鱼、茶叶、沙榄等挑担生意，走街串巷，小本经营。谢昌的兄弟谢柏经营的“八百载”腊味店每到秋冬季节便人头攒动，日进斗金。谢昌经过看到顾客盈门的场景，顿悟到自己也应如此，于是他每天都在门店外观察学习，熟悉其运作方法，反复调试配方，并将制作的腊味分给左邻右舍，均得到好评。积累了制作经验的谢昌在其兄海珠南路店铺隔壁租了一间铺面，起名为“东昌腊味店”。1943年，“东昌腊味店”改名为“东昌皇上皇腊味店”。

皇上皇腊味店

皇上皇腊肠秉承着广式腊味特有的酒香与咸甜适宜风味，选用猪后腿肉和肥膘肉为原料，严格控制“三七肠”和“二八肠”的肥瘦比例，因其腊味产品天然生晒、色泽鲜明、美味可口、衣脆肉嫩、质量上乘和具有独特的广式风味而享誉海内外，成为广东著名特产。

皇上皇招牌腊肠

皇上皇招牌腊肠采用经典肥瘦比例搭配，选用七分猪后腿精瘦肉和三分猪背脊膘肉，充分体现传统“三比七”一级腊肠口感“肥而不腻、软硬适中”的特点。特选陈年老汾酒、白冰糖、靓酱油等秘方佐料调和，腊肠肉粒大小均匀，采用传统与现代相结合的“热泵太阳能”干燥技术，传承经典的广式腊味“埋缸”技艺固封纯化，配以真空保鲜，凝结自然本真滋味。前后历经 13 道工序淬炼，功成“皇上皇招牌腊肠”。出品红瘦肥白、色泽光润、干洁清澈、口感爽脆。

皇上皇

总店地址：广州市荔湾区下九路 3 号

十一、广州人自己开的西餐厅：太平馆

太平馆始创于清光绪十一年(1885)。创始人徐老高，原在广州沙面的洋行和领事馆当厨师，善烹西菜。后在广州北京南路太平沙开业，因此取名“太平馆”，后来移至现在的北京路广东省财政厅附近。在广州的西餐业历史上，太平馆占有相当重要的位置，它是第一间广州人自己开的西餐厅，也是西方饮食文化进入广州的标志之一。1925年，周恩来和邓颖超在广州结婚，曾在太平馆餐厅宴客，太平馆因此有了享誉盛名的“总理套餐”和“总理夫人套餐”。太平馆装饰设计新颖独特，环境雅致幽静、浪漫温馨，更具欧陆风情。太平馆是广州规模最大的西餐厅之一，已经成为广州西餐业发展的历史见证。太平馆菜式款款风味独特，厨师个个厨艺超群，充分显示出“百年老字号，西餐第一家”的品位。2000年太平馆更被广州市人民政府命名为“百年老字号西餐饮食单位”，加以重点保护。太平馆传统名牌菜式有800款，其中“红烧乳鸽”皮脆肉滑、甘香鲜美、油而不腻、色香味俱佳，近100年来都是太平馆的招牌菜；“德国咸猪手”是约重0.45千克的连皮腌猪肘，

太平馆

猪手白净，肉皮软而清爽，内带嫣红色，嫩滑甘香，中层肥肉入口松化，十分美味可口，进食者无不称赞。此外，太平馆还有“焗田螺”“烧荷兰牛肉”“戴安娜牛柳”“美酒煮班戟”等美食。

瑞士鸡翼

瑞士鸡翼原名豉油鸡翼，即由酱油、冰糖及秘制香料烹制的鸡翅，是太平馆的招牌菜式，深受食客喜爱。据说当年有一位外国人在广州太平馆西餐厅用餐时，称赞豉油鸡翼“Sweet! Sweet! Good!”，当时的跑堂小生英语不是很好，将这句话转述给洋行当买办的客人时出现误差，便误释为“瑞士”，从此“豉油鸡翼”更名为“瑞士鸡翼”。瑞士鸡翼香甜可口、皮脆肉嫩、汁多味醇。

梳乎厘

梳乎厘是一种源自法国的甜品，由于经烘焙后变得格外蓬松，故其名法文意为“使充气”。甜品即点即做，做一个梳乎厘要用 7 个鸡蛋，蛋白需要人工搅拌发酵 30 分钟以上，烤好后即刻上桌。梳乎厘组织绵软细密，入口即化，蛋液香浓。

瑞士鸡翼

梳乎厘

太平馆
地址：广州市越秀区北京路 342 号

十二、老广们独创的特色美食

“啫”是粤菜独有的一种烹调方式，食材放在瓦煲里，高温烧焗后，瓦锅中的汤汁快速蒸发，从而发出“嗞嗞”声，“嗞嗞”粤语发音为“啫啫”，于是老广们就将其命名为“啫啫煲”。啫啫煲烹调时讲究快、准、狠，这样不仅能尽可能地锁住食材的鲜美，还能为食材增添地道的风味。

黄鳝啫啫煲

新泰乐餐厅，始创于1989年，是一家鳝片专门店，有着广州老字号之称。新泰乐餐厅的招牌菜黄鳝啫啫煲广受好评。黄鳝斩杀洗净，煲底下油烧热后，放入蒜头数粒爆香，放入黄鳝，快速用长筷子翻拌至三成熟，下入煲仔酱、盐、味粉，一直用大火翻炒至八成熟，然后滴入几滴老抽调色，盖上盖、淋上米酒，火候掌握至恰到好处，趁着火苗蹿上来时端上桌。一煲上来，打开盖子，爆香的姜葱香味扑鼻而来。饭粒饱满鳝香十足，一入口就感受到黄鳝鲜嫩的肉质，非常入味。

黄鳝啫啫煲

新泰乐

地址：广州市越秀区盘福路63号华茂大厦首层

俗话说“好吃不过饺子”，饺子虽来源于北方，却并不妨碍会吃爱吃的老广们在它在吃法上另辟蹊径。皮脆馅香、饱满带汁的广式煎饺，便是广州人对饺子最大的敬意。

八珍煎饺

“八珍”，在周代指的是八种珍食的烹饪方法，后来人们又把“八珍”作为珍贵食品的代名词。而如今在老广们心中它则是“美味煎饺”的代名词。坚守在北京路的“八珍”，其招牌驰名煎饺金黄诱人、形似弯月，散发着韭菜特有的香气。“八珍”始创于1956年，原名“八珍菜馆”，是当年公私合营的产物，以经营广式传统小吃为主。20世纪80年代中期，“八珍菜馆”由于经营不善，濒临关门，后被如今的经营者一举买下，遂改名“八珍”。八珍煎饺用高筋面粉搓揉饺子皮，搭配比例适中的肥瘦猪肉、韭菜、韭黄，再混合五香粉、胡椒粉、白糖、味精、盐等搅拌成馅料，而后左手提皮、压窝坑，右手拿着用竹子制成的“馅签”，将馅料刮入饺子皮的窝坑里，左右两手的拇指、食指同时出招，“弯、叠、折、压”一气呵成，一只“双褶皱、后鼓前弯、形似弯月”的饺子即成。包好的饺子整齐排列在煎锅里，加入油和水，盖上盖子，等待7～8分钟，即可出炉。肉香在韭菜、韭黄、五香粉、胡椒粉的混合煎烘下散发出来，香气浓郁、饺皮韧口、馅多汁甜，吃了就停不住口。“八珍”新鲜出炉的广式煎饺，在远处便能闻到香味，总能让人闻香止步，买上一份。流着口水等八珍煎饺新鲜出炉，再配上一碗葱花猪红汤，成为食客们的经典选择。

八珍煎饺

八珍

总店地址：广州市越秀区北京路213-215号

鹅公汤

“宁可食无菜，不可食无汤”，煲一碗靓汤，大概是每个广东人必备的技能。史书曾记载：“岭南之地，暑湿所居。粤人笃信汤有清热去火之效，故饮食中不可无汤。”《本草纲目》也记载鹅肉“甘平无毒，利五脏，解五脏毒，止消渴，补气之功效”。肉质鲜美又能祛热降火的鹅，自然成了广东人首选的煲汤食材。

说到吃鹅，拥有上百种岭南风味的美味佳鹅和2万多平方米的超大规模东南亚园林式景观的鹅公村绝对是首选。食客在这里不仅可以尽情饮鹅汤、品鹅肉，还可以欣赏和感受风景亮丽的塘基湖景和乡村风情。鹅公村菜系以鹅公为主，并根据不同的菜式选用不同的鹅种。鹅公比成年母鹅肉质纤维更加细密，故口感比母鹅更加细腻，巧烹妙制的“鹅公”美食就有二三十款之多，一鹅一味，令人大享口眼之福。鹅公村全鹅宴的菜式包括招牌鹅公汤、金牌马冈烧鹅、私厨鹅掌翼、鲜砂姜捞起鹅肠、开平狗仔鹅、鹅汁烩野菌、鹅公焖水鬼重、大盘菜心炒鹅杂、鹅红浸郊外时蔬、瓦撑生焗鹅饭、首创鹅公包，让食客极尽口腹之欲。

鹅公村招牌菜鹅公汤，遵循南宋赵氏后人的古方，煲制出来的汤味道香醇，肉质紧实。传说宋帝赵昺和名臣陆秀夫，在新会的崖门结束了南宋的历史。而擅于烹饪的御厨们隐姓埋名，留在了广东五邑开枝散叶，并创制了一道具有养生功效的鹅公汤。鹅公村沿用南宋赵氏后人古方，精选湖南邵阳上等玉竹头、特级湘莲、新会十年陈皮、莱阳沙参、宜兴百合等10多种药材，优选开平自建鹅场养到120天以上的精壮公鹅，运用独特的调料，以土缸和原始的炭炉加木糠慢火细熬5小时以上，这种做法煮出来的

鹅公汤

鹅公汤，汤清醇香，甜润入心；肉老有味。加入玉竹头、砂姜、陈皮、莲子等，清补不燥，滋补健脾，是四季皆宜的健康汤水。

金版马冈烧鹅

金版马冈烧鹅，选用鹅公村设立的原生态鹅场养殖的生长 90 天的开平马冈鹅，马冈鹅肉质纤维紧实，肉味香浓、不肥不腻。将光鹅斩成件，倒入锅中，加入本地老姜煎香，接着在鹅肉上淋上鲜鹅血，继续炒香，炒至鹅血成粒后倒入水，加入精选新会碾碎老陈皮转中火焖 30 分钟，然后加入料酒、盐等调味，转小火焖 5 分钟收汁，即可上桌。陈皮的甘香调出狗仔鹅独特的风味，入口浓香、嫩滑可口、口感甘香。经过改良后烹饪的鹅肉汁香味浓，口感更胜一筹，受广大民众欢迎。

鹅公村

鹅公村（茗村屋）
地址：广州市荔湾区花地大道南 402-404 号

濑粉

濑粉是一种传统的广州西关小吃，主要的食材是米粉，佐以冲菜（一种广式腌菜）、冬菇、虾米、葱花、猪油渣等，养胃饱肚又美味。

濑粉

“林师傅”是一家有将近40年历史的老店，始创于1981年，现已开了8家分店。“林师傅”的濑粉，从选材开始就十分苛刻，必须是两年的陈米，因为陈米水分少，做出来的粉才弹牙，而不会因筷子一夹就断，也能使米汤不会越吃越稠而影响口感。用陈米、新米和冷饭一起做成的米团，压榨出条状的米粉，落入煮沸的热水中，成形、煮熟一气呵成。这个环节中，米团的干湿度、米粉的长度，都有讲究。成形后的米粉，再放入由猪骨和虾米等熬成的

林师傅

汤底中。这种现煮的米粉和晒干成形的米粉不同，前者带着米浆的黏性，使汤底也如同米浆一般黏稠而滑腻，这就是传统广式濑粉的独特之处。

林师傅
总店地址：越秀区海珠中路251号

原只椰子炖竹丝鸡

原只椰子炖竹丝鸡打开椰子盖就能闻到椰子的清甜香味，用料十足，竹丝鸡已经炖得较细嫩，绵滑，汤水清甜滋润。它是达杨原味炖品首推的炖品，也是最多人点的单品，经常有食客特意从很远的地

原只椰子炖竹丝鸡

达杨原味炖品店

方开车过来打包，原只椰子炖竹丝鸡每天限量，卖完即止，一般来晚了就买不到啦。

达杨原味炖品

地址：广州市越秀区文明路 160-1 号（近文德路）

老西关濑粉

在文明路上的“老西关濑粉”，店铺数十平方米，墙上挂满了各种荣誉挂牌，像小孩子的奖状贴满家里的客厅。店头上方挂着一副墨宝，这就是店名“老西关濑粉”，由蔡澜先生题字。能得到美食家蔡澜先生称赞并题字的餐厅不多，风味小店更是屈指可数，老西关濑粉就是其中一家。老西关濑粉是广东地标美食，在《羊城晚报》消费者票选中，老西关濑粉推出的濑粉和水菱角均被评为“最受消费者喜爱的经典名菜”。在老板伍文辉看来，濑粉在广州分两个流派，其中之一是以“第一津的合兴”为代表的濑粉，口感绵软。厨师开粉团后，将调好的米浆倒入底部有孔的小筒中，米浆在重力作用下从孔中流出来，滑入即将沸腾的水中，这是“濑”粉的过程。而他们家制作濑粉的不同在于，开粉团的时候用的是生熟粉，即生的粉和熟的粉按比例混合，口感上会更有嚼劲。此外，他们家的配料也颇为丰富，有猪油渣、咸菜、叉烧、猪骨、虾米、冬菇、鱿鱼等。濑粉保留着传统的味道，口感软绵柔滑，米香味浓，粉糊调得很浓稠，然后搭配香葱和萝卜粒，吃起来幸福感满满。

水菱角

与广州其他濑粉店不同的是，老西关濑粉店还卖一种叫“水菱角”的小吃，这是一种形状像菱角的粤式小吃。由于制作工序费时费力，做的人越来越少，水菱角已成为广州市的非物质文化遗产。目前在广州也只有老西关濑粉店一家制作，店里墙壁上醒目地挂着政府颁发的“非物质文化遗产”挂牌。虽然水菱角和濑粉的原料相同，都由用米浆制作，但是由于制作工艺和流程的不同，水菱角的口感比濑粉更有嚼劲，也更有层次。后厨阿姨用筷子将米浆夹起，筷子两端米浆的粉珠的大小和距离都决定了水菱角的成形。

濑粉

水菱角

老西关濑粉店

地址：广州市越秀区文明路216号（近中山图书馆）

十三、广州米其林餐厅

2019年7月16日广州《米其林指南》再次发布，广州首次出现米其林二星餐厅，同时新增3家一星餐厅，从此广州这座城市星级餐厅的总数增至11家。

《米其林指南》是一本拥有百年历史、闻名世界的餐厅和酒店美食评鉴指南。米其林每年在全球逾 20 个国家和地区，为美食爱好者们推介优秀的餐厅和酒店。米其林评审员通过秘密探访来点评最佳餐厅的方式，使得米其林餐厅评选更具公正性，米其林也是全世界最具权威性的饮食评分系统之一。《米其林指南》会为最优秀的餐厅授予一星、二星或三星荣誉，而星级只与盘中食物有关，餐厅用餐环境、服务水平则以叉匙图标代表。三星代表卓越的烹调，值得专程造访；二星代表烹调出色，不容错过；一星代表优质的烹调，不妨一试。2018 年首版广州《米其林指南》发布，公布了一批拥有优质烹调，不妨一试的米其林星级餐厅。

1. 玉堂春暖餐厅

玉堂春暖是白天鹅宾馆内设餐厅，同时也是白天鹅宾馆的一块粤菜金漆招牌，有着最地道而又富于创新的粤菜，无论是食材、味道，还是装修，均是原汁原味的岭南风味，深受本地食客乃至国外食客的喜爱，更是在 2018 年发布的首版广州《米其林指南》中摘得一星。白天鹅宾馆

玉堂春暖餐厅

坐落于广州市沙面白鹅潭，由霍英东先生与广东省人民政府合作投资兴建而成，酒店于1983年开业，1985年成为国内首个世界一流酒店组织成员，1990年成为国内首批五星级酒店之一，1996年荣列“全国百优五十佳饭店评选”的榜首；连续多年来被国际旅游指南等国际知名媒体评为国际商务人士到广州的首选酒店。2010年，广州白天鹅宾馆被认定为文物。据统计，酒店营业30年共接待过40多个国家的150位元首和王室成员。

英女王宴

1986年10月，英国女王抵达白天鹅宾馆，霍英东率数百人列队迎接，为使女王吃到广东特色菜肴，在英国女王逗留的短短130分钟里，白天鹅宾馆厨师为她精心烹制了6道经典菜式：月映仙兔、双龙戏珍珠、乳燕入竹林、金红化皮猪、凤凰八宝鼎和锦绣石斑鱼。“月映仙兔”是一道广式点心拼盘，由白兔饺、炸芋角、春卷和干蒸烧卖组成；“双龙戏珍珠”是龙虾和明虾制成的虾球；“乳燕入竹林”则以名贵燕窝和新嫩竹笋为原料进行配制，碟上摆有一只以红萝卜雕刻成的乳燕；“金红化皮猪”是广东名菜烤乳猪，“满汉全筵”菜式之一，乳猪皮脆肉嫩，焦黄诱人；“凤凰八宝鼎”是广东有名的冬瓜煲；“锦绣石斑鱼”的石斑鱼专门从香港运来。后来这用来招待英国女王的“五菜一汤”便成为白天鹅宾馆的招牌菜式。

岭南葵花鸡·香茅焗乳鸽

岭南葵花鸡·香茅焗乳鸽是白天鹅宾馆的经典菜式。香茅焗乳鸽用香茅汁腌制乳鸽后焗制烹调，焗熟后的乳鸽外皮薄到几乎半透明，脆香油亮，撕开时肉汁仍然烫手。此菜特别选用带有清香味的香茅汁平衡乳鸽的油脂，

岭南葵花鸡·香茅焗乳鸽

不油不腻，恰到好处，吃一口，清新怡人，香茅味道四溢。拥有“天下第一鸡”之称的葵花鸡是必点菜式，美味可口，肉质鲜嫩。葵花鸡生来就以新鲜葵花盘叶为食，以晒干后的葵花榨出来的汁为水，由百万葵园特供，是白天鹅宾馆的指定用鸡。葵花鸡口感鲜美，是白天鹅宾馆的招牌菜式。此鸡是传统的白切鸡做法，却可以完全不蘸任何佐料而吃出其独特的香味。

玉堂春暖餐厅
地址：广州市荔湾区沙面大街1号白天鹅宾馆3层

2. 炳胜公馆

炳胜诞生于1996年8月8日，是一家集团公司，旗下品牌有炳胜品味、炳胜公馆、炳胜私厨、禅意茶素、金矿食唱、小炳胜、炳胜大排档。炳胜不断推创粤式新菜，从出品、服务到环境处处体现羊城传统的岭南文化特色。炳胜的出品以刺身为主，以鱼生打天下，现今广州仍流传“吃鱼生，到炳胜”的说法。炳胜除了以鱼生著称，也以家常粤菜小炒闻名，

炳胜公馆

家常粤菜小炒追求手工细作、天然本味，力求做出 “平凡家常菜中的不平凡”。其中脆皮叉烧、冷水猪肚、豉油皇鹅肠、和味猪手被称为四大美人美食。2004 年，炳胜自制一系列“山水豆腐宴”，2005 年推出一系列“水鬼重豆腐宴”，其中“乡下猪肉焖水鬼重” 在 2006 年广州国际美食节中荣获“岭南名牌美食”称号。

炳胜公馆创立于 2010 年初，位于珠江新城中心地段，采用欧陆风格设计，环境舒适宁静、低调奢华。招牌菜式黑椒炒肉蟹、脆皮荔枝鸡、碧绿葱烧黄婆参、山瑞黑棕鹅焖鲍鱼均是必点菜品。店内特色菜脆皮叉烧，外皮金黄香脆，裹着肥瘦相间的五花肉，肥肉入口即化，瘦肉软烂，美味诱人；豉油皇鹅肠，鹅肠足够新鲜，入口脆嫩有嚼劲，浇上豉油更是鲜美。近年来，炳胜公馆连续 3 年入选法国 LA LISTE 国际美食排行榜。

黑椒炒肉蟹

黑椒炒肉蟹是炳胜公馆当仁不让的招牌菜，选用新鲜的肉蟹，以黑椒、香茅、柠檬草、小米椒爆炒肉蟹。一口咬破沾满辛辣汁液的外壳，露出鲜嫩饱满的蟹肉，肉质结实，十分美味。黑椒炒肉蟹以现磨的黑胡椒与多种香料为铺垫，借助传统粤菜独特的烹饪手法，将肉蟹炒出了新滋味、新境界。

黑椒炒肉蟹

炳胜公馆

地址：广州市天河区珠江新城冼村路 2 号首府大厦 5 层（广东省博物馆对面）

3. 惠食佳

惠食佳创立于1992年，其原只是一家街边的大排档，主营粤菜，出品稳定，经营低调。惠食佳首创“生啫黄鳝煲”，其对该菜式烹饪的专注达到极致：会依据客人落座的位置计算起炉至餐桌的距离而控制火候；仅铺一层鳝段，两葱一蒜，受热均匀，秘汁茨淋；订制啫煲，一次性用；入厨十年的厨师才能晋升“啫神”。独具特色的广式啫啫煲吸引了不少吃货的目光，引得央视《舌尖上的中国》节目组前来拍摄，惠食佳招牌菜式蟹黄豆腐，最是值得推荐，蟹粉清淡细滑，与水嫩的豆腐融为一体，清淡之中有浓浓的蟹黄味，很适合广州人的口味。豉油皇鹅肠是一道典型粤菜，鹅肠肥脆多汁，逢去必点，入口带有豉油微甜咸味，口感爽脆、弹牙。飘香的黄鳝煲仔饭，美味的椒盐濑尿虾，再加上优雅的环境布置，约上三五好友前去，最是合适不过。

惠食佳餐厅（滨江大公馆）

椒盐富贵虾

始创于1992年的椒盐富贵虾，是惠食佳的镇店名菜。与我们平时所见的濑尿虾有所不同，这道必点的椒盐富贵虾的虾身似有手臂般粗大，气势磅礴。自制的椒盐酱香味浓郁，与富贵虾的鲜完美融合，经过高温油炸的椒盐酱缓缓浸润虾肉，吃起来外脆内嫩、香滑鲜甜。炸过的富贵虾连虾壳都酥脆入味，轻轻剥开虾壳，诱人的虾肉悉数露出，咸香而不失鲜美，在炸蒜和辣椒的点缀下分外美味。椒盐富贵虾会由店员悉数拆好，虾肉肉质甘腴鲜甜，丝丝分明，饱啖一口，瞬间被幸福感包裹。会吃的老广们还会将拆下来的虾肉轻蘸两旁的炸蒜辣椒，让人吃起来回味无穷。

豉油皇鹅肠

椒盐富贵虾

蟹黄豆腐

招牌菜蟹黄豆腐，老少咸宜，材料用的是真蟹黄和蟹肉。此菜装在浅口大砂锅里，上台时豆腐还热得冒泡，嫩滑的豆腐间夹杂黄黄的蟹膏，像是金黄豆腐羹。丝丝蟹肉连着蟹粉与豆腐均匀镶嵌盘中，蟹味浓烈，豆腐滑嫩，净看卖相已经令人垂涎三尺，一口下去，可尝到膏腴甜美的蟹膏、丝丝柔润的蟹肉以及嫩滑爽口的豆腐，每一口都鲜美逼人。

蟹黄豆腐

惠食佳

地址：广州市海珠区滨江西路172号

4. 江餐厅

江餐厅

位于文华东方酒店3层的江餐厅，其全称为“江－由辉师傅主理”，名字虽拗口，却显示出了餐厅出品的水准之高。餐厅主厨“辉师傅”，原名黄景辉，他从16岁开始进入厨房工作，至今已有30年经验，是中国备受关注的厨师之一。他以创意粤菜闻名，擅长以全新的方式展现粤菜的精致与完美，同时还原传统家庭用餐模式。2018年，江餐厅便获得广州《米其林指南》一星餐厅的荣誉，而2019年更是成为首家广州《米其林指南》二星餐厅。除了创意粤菜，餐厅的另一大特色就是为宾客定制佐餐酒。招牌美食亚麻籽烧鸡创意十足；和乐蟹蒸肉饼，纯纯的肉味和蟹汁，让人很是满足；一盅椰子炖鸡滋润清甜；樱花鲍鱼饭浪漫优雅；岭南风范的黑天鹅酥栩栩如生，天鹅羽翼是层层酥皮，内里是鹅肉馅，鲜味十足，让人垂涎欲滴。

亚麻籽烧鸡

精选生长190天的海南文昌鸡，加入秘制调料腌制入味，抹上调料烧制，上桌前再淋上滚油，烧出一层脆皮，看起来十分诱人。鸡皮红亮有光泽，薄如纸张，一口咬下去，香脆的鸡皮包裹着嫩肉，混合着亚麻籽的香气，无论是口感还是味道，都出奇的好。

亚麻籽烧鸡

煎烹椒麻加拿大牛肉粒

辉师傅的创意招牌菜。牛肉粒垒起，落入艳红的辣椒丝与九叶青花椒间，石盘温热处理，维持牛肉的口感。入口有丝丝麻辣感，不过不会停留太久，只是为了衬托牛肉的鲜嫩。

煎烹椒麻加拿大牛肉粒

野山菌煎焖獐子岛元贝

将大连獐子岛的鲜活大元贝，采用香煎的烹调手法来锁住其水分，元贝肉质细嫩又爽口，野山菌汁鲜甜香醇，让人有再吃一份的冲动。

野山菌煎焖獐子岛元贝

珊瑚扒芦笋

用秘制的胡萝卜汁与蟹肉、鲜芦笋煨熟，浓稠的汁水融合各种鲜味，搭配爽脆的芦笋，吃起来鲜甜可口，令人回味。

珊瑚扒芦笋

点心三拼

黑天鹅的内馅是咸味的鹅肉叉烧，吃起来口感酥脆。蓝莓雪媚娘用新鲜蓝莓制作而成，入口缠绵绕舌，不甜不腻，蓝莓的酸甜冲破奶油的口感，凸显了整体的甜美。杨枝甘露，作为用餐最后的一道美味，可谓清新可口且回味无穷。

点心三拼

汇餐厅

地址：广州市天河区天河路 389 号文华东方酒店 3 层

5. 宋·川菜

推开宋·川菜的大门，食客们都会被迎面而来的磅礴大气所震撼，其独特的装潢灵感来自宋代《瑞鹤图》，数十万块不锈钢砖和琉璃羽毛筑成流线型幕墙，配合镜面天花板，从视觉上延伸空间，独特格调令人拍案叫绝，宛入天宫。宋·川菜的主厨是地道的广东人，因为喜欢吃川菜，从一个西餐厨师转变为川菜厨师，机缘巧合之下，他遇到了想开一家好餐厅的宋先生，于是经过多年的精心准备，他们为大家呈现出了一个不俗的"宋·川菜"。基于对西餐和川菜的深刻理解，主厨将"融合与创新"作为理念，灵活运用 "柴与火"，以浓烈的川菜为基础，结合清爽的粤式食材，吸收西式摆盘精华，不断推陈出新。餐厅出品不仅仅融合了主厨的创意与智慧，更有千禧时代的舌尖新品味。招牌菜式沸腾老虎斑，香辣爽滑；秘制香辣蟹，改良了炒法，味道更加香浓；北京烤鸭，饱满油亮；女儿红辣煮花螺，花螺颗大爽口，香辣迷人，带着浓浓的酒香；葱油饼拌鹅肝酱，满满的混搭风；豆浆雪糕配油条，将豆浆做成雪糕，把油条切片酥炸；"重口味"的杨枝甘露加上口味清淡的豆腐花，出乎意料的好吃。

开水白菜

颠覆人们对川菜只有"麻、辣、油"的刻板印象的百年经典名菜"开水白菜"，把极繁和极简归至化境，甚至登上了国宴的大舞台。看似简单的菜肴，实则内有乾坤。特调的开水般清亮的高汤是这道菜的灵魂，先用老母鸡、老母鸭、火腿蹄肉、排骨、干贝老火慢熬至少4小时，然后将鸡胸肉剁烂至蓉，倒入锅中以吸附汤中杂质，反复多次，使得汤清清亮亮，

开水白菜

全程耗时超过10小时，十分考究。尽管披着“菜”的皮囊，却实打实是一道讲究的“功夫汤”，十分受食客们喜爱。

沸腾老虎斑

沸腾鱼是经典的川菜，宋·川菜结合广州“靠海吃海”的地理特点，将沸腾鱼片中的河鱼升级成海鱼，选用老虎斑（一种海鱼）来制作。滚烫的热油与之相碰撞，冲击着视觉、听觉和味觉。空气中弥漫的，不仅仅有火辣和鲜香，更有对美味的渴望，吃起来油而不腻、辣而不燥、麻而不苦、肉质滑嫩。

沸腾老虎斑

北京烤鸭

尽管餐厅主打川菜，但北京烤鸭也是餐厅的招牌菜式之一。这道菜特别聘请拥有30多年经验的北京烤鸭师傅前来制作，食材选用42天的鸭子，再采用最传统的枣木，用精准的火候将鸭肉嫩、香牢牢锁住。果木炭火烤制，烤鸭周身色泽红润，肉质肥而不腻，外脆里嫩。吃起来肉质细嫩，味道醇厚。

北京烤鸭

宋·川菜

地址：广州珠江新城高德置地冬广场4层417

6. 丽轩

丽轩位于富力丽思卡尔顿酒店3层，共有7个半开放式包厢和6间贵宾房。景致如同一幅中式画作，晚间还能欣赏到水帘幕内的古筝演奏。主厨郭元峰擅长中式融和菜，他因年少时的经历而善于发现独特、罕有的食材，常被称为“食材猎人”。丽轩的预定制通常为客人保留整个午餐或晚餐时段，常常一位难求。

丽轩

梅汁小番茄·松露菌香布袋·西班牙黑豚叉烧

三味小食的搭配非常赏心悦目，用梅汁腌制的去皮小番茄酸甜开胃；松露菌香布袋则采用了素菜做法，用炸豆腐皮将萝卜丝、香菇、黑松露等食材包裹起来，再加香油调味冷藏，风味十分独特；而世界顶级的西班牙黑豚猪肉，是香港米其林主厨钟爱的食材，肥瘦分明的叉烧呈现出焦糖红，一口就能吃出肥香不腻的丰富味道！

梅汁小番茄·松露菌香布袋·西班牙黑豚叉烧

主厨 郭元峰

活海藻冲浪胶东鲍鱼

活海藻取于海浪之中，冲浪二字寓意将海味冲入汤内，汤底是剁碎的鸡胸肉，取白贝汁等一同煨煮。令人觉得神奇的是，如此浓厚的海鲜味汤底，汁水却清澈无比！鲍鱼切花入味，肉质鲜美爽口。

活海藻冲浪胶东鲍鱼

松露蛋白龙虾球配花雕玫瑰泡沫

这道菜是经典粤菜“花雕芙蓉蒸龙虾”的中西融合版本，颜色搭配也十分得当，金黄色蒸蛋打底，黑松露盖着嫩白虾肉，粉色的分子泡沫上点缀几颗翠绿色的豌豆。龙虾肉与黑松露爽口味鲜，滑嫩的蒸蛋还会散发出淡淡的玫瑰花香。

松露蛋白龙虾球配花雕玫瑰泡沫

油梨果桂花糖清酒汁烤鳕鱼

烤鳕鱼的火候需拿捏得恰到好处，才能表面微酥，入口即化。味道层次丰富，肉嫩多汁，鳕鱼的鲜香被清酒汁激发出来，作为铺垫的红色酱汁类似意大利红酱的口感，点缀的青酱来自清爽的牛油果酱汁。这道实至名归的美味，摆盘也比较偏向西式。

松露酱捞山药手工面

这道手工面是主厨郭元峰的招牌菜之一，不得不说，郭主厨对菌类把握得很好。爽滑劲道的山药手工制面，配以秘制的黑松露酱，一口下去，可体会到菌香、肉香、面香扑鼻。

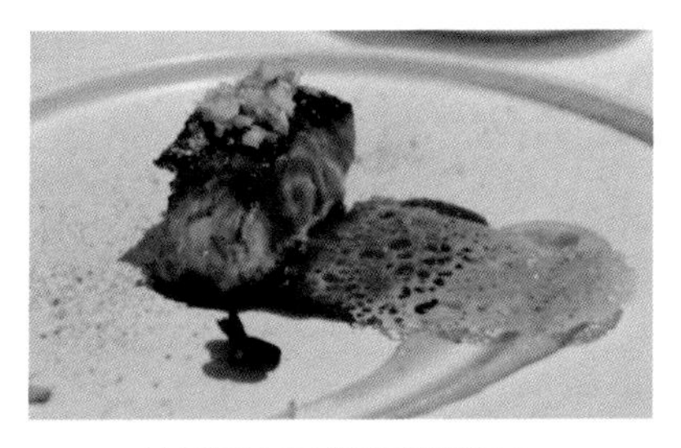
油梨果桂花糖清酒汁烤鳕鱼

松露酱捞山药手工面

丽轩
地址：广州市天河区珠江新城兴安路 3 号

7. 愉粤轩

愉粤轩位于全球最高的四季酒店 71 层，饱览璀璨的珠江夜景。餐厅内运用了大面积的朱红、曜黑色，细节装饰更流露出古典艺术的美感，共有 94 个大厅席位以及 8 间格局良好的贵宾包厢。主厨麦志雄致敬并传承传统粤菜精髓，将潮州菜与客家菜完美融合，以精湛的烹饪技艺，凝聚整个厨师团队的奇思妙想，打造出自成一派的新式粤菜。

冰烧三层肉拼陈醋海蜇头

海蜇头咬下去脆劲十足，配着特制的陈醋汁又酸香可口，感觉十分对味。冰烧三层肉算是愉粤轩必点的招牌菜式之一，金灿灿的外皮，配

愉粤轩

上富有弹性的肉质，一口咬下去，感觉唇齿间香味四溢，蘸上一点黄芥末又瞬间中和了油腻。

黑松露百花煎酿藕夹

看似不太出众的一道菜，实际上内含乾坤。夹着饱满的虾肉的莲藕片，落入一片黑松露，再淋上一层鲜甜酱汁。生脆的莲藕片搭配鲜美厚实的虾肉，加上名贵的黑松露散发出的馥郁香气，可算是一道创新版的客家风情菜了。

冰烧三层肉拼陈醋海蜇头

黑松露百花煎酿藕夹

上汤芦笋竹荪卷

一个字：鲜！无须更多食材，一勺上汤便煨出了芦笋自带的清甜，也激发出了竹荪鲜美的菌味。吃的时候注意要将竹荪和芦笋一起咬下去，口感很棒，裹着大量上汤，卷着爽脆的芦笋，滋味清淡而口感丰富，简单中也十分见功夫。

上汤芦笋竹荪卷

乌龙焦糖炖蛋·芒果费南雪·香草芒果酱

甜品的量比想象中还要多，选用的是清新的香草芒果搭配费南雪，摆盘精致，蛋糕的厚实口感被芒果的酸甜中和。焦糖炖蛋入口敦实，焦糖与乌龙的香气在唇齿间蔓延，很是舒适。

乌龙焦糖炖蛋·芒果费南雪·香草芒果酱

愉粤轩
地址：广州市珠江西路 5 号四季酒店 71 层

8. 利苑（越秀）

利苑集团 1973 年成立于香港，旗下多家分店皆是《米其林指南》的“常客”。餐厅以刺绣图案点缀淡色墙面，养有鲜活海产的鱼缸更是餐厅布置的点睛一笔。作为广州顶级的粤菜食府，利苑从食材选择到烹调技巧都极尽心思，种类繁多的海鲜菜品与巧手点心既美味又精致。

利苑（越秀）

冰烧三层肉

小小一口烧肉也能吃出三层口感，堪称“味觉盛宴”：第一层表皮经过多次烧烤呈现出诱人的金色表层，但入口却薄而酥脆；第二层油脂香而不腻；第三层瘦肉则紧致鲜嫩。

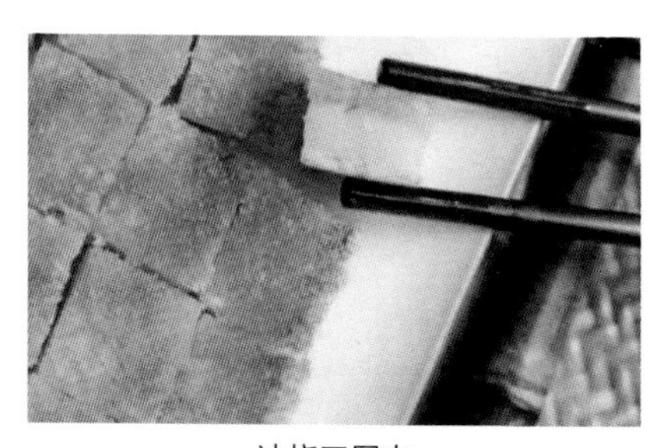
冰烧三层肉

贵妃龙虾泡饭

同是利苑的镇店菜肴。上菜先盛上一锅熬煮浓郁的龙虾汤，再倒入炸酥米。一勺既有龙虾汤，又有叉烧、虾仁的拌饭，和着鲜甜的芹菜丁一同咀嚼，滋味咸香，嚼劲十足。

贵妃龙虾泡饭

杨枝甘露组合

这一份酸甜爽口的杨枝甘露，一扫主菜的油腻。其特别之处在于使用的是沙田柚，粒粒分明的果粒在口腔内缓缓爆开，释放出清新的味道；而芝麻味浓郁的擂沙汤圆堪称点睛之笔，口感软糯，一浓一淡组合得恰到好处。

杨枝甘露组合

利苑（越秀）
地址：广州市建设六马路 33 号宜安广场 4 层

9. 御宝轩

御宝轩珍馔的出品注重食材选择，无论是对生鲜程度，还是对原材料重量的要求，都有严苛的标准。御宝轩对于菜式的呈现同样精益求精，从精致繁多的制作步骤到细腻的刀功，只求每一份佳肴都色、香、味俱全。

御宝轩

冰镇原只澳洲游水鲍鱼

冰镇原只澳洲游水鲍鱼

对于冰镇食用的海鲜，鲜味就是它的灵魂。御宝轩选用从澳大利亚空运来的活鲍鱼，每只活鲍鱼的重量标准为1千克。带壳活蒸生鲜鲍鱼，可保留住活鲍鱼原有的鲜活海鲜味；且活蒸的做法令鲍鱼的肉质紧缩。蒸熟后放入冰水中冷镇，让肉身二次收缩。鲍鱼采用厚切切片的方式呈现给食客，爽口多汁，带着浓郁的新鲜味，可让食客完美地感受来自澳大利亚海域的鲜味。

蒜片牛柳粒

蒜片牛柳粒

牛柳粒的制作对原材料的选取有着极高的要求，御宝轩对比过多个地区的牛肉原料后，最终选定了来自加拿大的牛里脊肉。把牛肉切粒，且不添加任何腌制的调料，单纯地煎熟肉身，保留住牛肉自带的肉汁和香嫩柔韧的口感。搭配煎炸过的蒜片，在口中形成香脆与柔韧的口感对比，令人欲罢不能。

黑胡椒炒斯里兰卡蟹

黑胡椒炒斯里兰卡蟹

黑胡椒炒斯里兰卡蟹是一道独具特色的新加坡菜，它是中餐与西餐相结合的一种创新菜。御宝轩选用来自斯里兰卡的鲜活螃蟹，每只螃蟹的重量标准为0.9～1.25千克。黑胡椒与其他香料渗透进鲜嫩多汁的蟹肉中，形成一种新加坡菜典型的浓郁口味。

御宝流沙包

在坊间拥有“上海最佳流沙包”之称的御宝流沙包，是每桌客人的必点单品。粤式传统的流沙包，通常奶味偏重，而御宝轩的流沙包蛋黄味偏重。在包馅的制作上，咸蛋黄的比重为90%，突出了粤式点心常说的“咸香味”。上乘的咸蛋黄作为流心的重点，让“沙”质显现，入口即融，与松软的包面相配，给整个味蕾带来多维度的体验。

御宝流沙包

御宝轩
地址：广州市天河区珠江新城兴民路222号天汇广场第5层L514B商铺

十四、带你领略广州地标美食

刺参鲍鱼焖水鸭——御口福·金殿

御口福·金殿为广州市御口福饮食集团旗下品牌，始创于2012年1月，位于珠江新城CBD商业繁华地段，建筑总面积超过6万米^2，宴会厅能同时筵开60席，成为广州市婚宴的标杆企业。招牌菜品刺参鲍

刺参鲍鱼焖水鸭

鱼焖水鸭选用优质的海参、新鲜鲍鱼与新鲜的水鸭，以粤菜传统的“古法焖”手法，再配合新鲜的食材，采用秘制的酱汁，最大限度地保持了食物的鲜香、色泽、浓度及最佳食用温度。

御口福·金殿

地址：广州市天河区花城大道 20 号 301、401 房

黄埔蛋——黄埔华苑酒家

黄埔华苑酒家创办于 1985 年，从一家小型冰室创业开始，经过 30 年的努力，赢得了社会各界人士的一致好评和赞誉，还荣获“国家五钻特级酒家”“广东省餐饮百强”“广州十大明星餐饮企业”的称号。黄埔华苑酒家的招牌名菜黄埔蛋口感嫩滑、色泽金黄、层次分明、鲜美多汁。黄埔蛋的做法是将搅好的蛋浆倒入烧热的油锅中，边倒边铲动，同时加入熟油，炒至蛋浆刚熟即可。相传，“黄埔蛋”的起源有以下两种：一是源自黄埔船民招待客人；二是源自蒋介石发怒时说了一句“黄埔蛋”。事实如何恐无从考究，但黄埔蛋却在各大厨师手中不断改进，终成如今的菜品。

黄埔蛋

黄埔华苑酒家

地址：广州市黄埔区黄埔东路 2868 号

新兴秘制羊肉煲——新兴饭店

新兴饭店坐落于并不繁华的前进路，创立于1984年，距今已有36年的历史。正所谓“酒香不怕巷子深”，新兴饭店制作的羊肉集家味之美、野味之香，合五滋之美、六味之和，融四方羊之精华，兼收并蓄，逐渐树立起好的口碑。新兴饭店也成为广州人心目中吃羊肉的代名词，还被誉为“广州吃羊第一家”。

新兴秘制羊肉煲

新兴饭店的新兴秘制羊肉煲在广州市极具盛名，风行广州30多年。新兴秘制羊肉煲的羊肉吃起来不但没有膻味，反而香味扑鼻。其选用的是吃青草长大的羊，羊肉经过禾秆草熏制与秘制卤水的浸泡，其肉质既鲜嫩又有嚼劲。新兴饭店在制作秘制羊肉煲时，先将羊肉在滚水里烫一下捞出，往锅里放一些红油豆酱、姜片、花椒、干辣椒、小茴香，炒出酱红色油汁后再放入羊肉一起炒，放入少量老抽，加入热水直至刚好淹没羊肉后，放盐，将羊肉连汤倒入煲中放少许油再煲一段时间，等汤汁变浓稠时放入白糖、生抽和料酒，淋上少许麻油即可。

新兴饭店

地址：广州市海珠区前进路92号

海门招牌含花甲——海门鱼仔店

海门是汕头市潮阳区的一个镇，近海捕捞历史悠久。2007年，潮汕大厨孙耿在广州开了家海门鱼仔店，经营以浅水海鲜为主打的大排档。必点美食“海门招牌含花甲”，选用新鲜的花甲，蒸开甲壳，再以秘制

海门招牌含花甲

的生腌汁调味，看似简单的一道菜，却凸显出海门人“清而不淡、嫩而不生”的烹饪理念。

海门鱼仔店
地址：广州市猎德大道26号聚味珠江道美食广场102铺

浓鱼汁泡手打鱼腐——悦湖公馆

浓鱼汁泡手打鱼腐

悦湖公馆位于南湖度假休闲区，翠色萦绕，倚湖而立。悦湖公馆主打新派粤菜，却别出心裁地在西餐的摆盘和上菜顺序上加以创新。从前菜到主菜，味道上是熟悉的粤菜口味，视觉上却是西餐的精致简洁风格。悦湖公馆的浓鱼汁泡手打鱼腐选用粤北土鲮鱼，用纯手工打成鱼腐；再以1斤土鲮鱼1斤汤的比例，经4个小时熬制，熬成浓鱼汁来煲熟鱼腐，令其实现5倍的胀发。其口感鲜美嫩滑，让人难以忘怀。浓鱼汁正是这道菜的灵魂所在。

悦湖公馆
地址：广州市白云区同和南湖中路3号

古灶三杯碌鸡——番禺·近水楼台文化农庄

番禺·近水楼台文化农庄始创于2013年，其总体设计出自岭南知名设计师陈立言之手，装修风格既典雅又大气，充满着岭南文化气息，成为“不一样的农庄”。在出品上，近水楼台文化农庄遵循“十全十美”的“祖训”，请来两位80多岁的老人，花了3个月的时间，用一块块旧砖，搭建成“土灶”，并使“古灶三杯碌鸡”“古灶陈皮老姜滋味鹅”成了卖点。

古灶三杯碌鸡

番禺·近水楼台文化农庄主打粤菜，推崇粤菜“取之自然，烹之自由，食之自在”的精神，农庄颇有自给自足的天然模式，菜品大部分是用自己种植的蔬菜和饲养的禽畜入膳，吃着放心。制作“古灶三杯碌鸡”，古灶、柴火、清远鸡、一杯糖、一杯豉油、一杯酒，一个都不能少。按此法制出的三杯鸡鲜香扑鼻、回味悠长，让人念念不忘。

番禺·近水楼台文化农庄

番禺·近水楼台文化农庄
地址：广州市番禺区横江村北堤路1号

PART 2

香港特色美食

一、“美食殿堂”：半岛酒店

半岛酒店始建于1928年，是当时明星、名流及国外皇室高端奢华的社交场所，也是当时全亚洲最先进、最豪华的酒店之一，还是香港现存历史最悠久的酒店。半岛酒店屹立在餐饮界的顶峰已超过90年，奠定了其首屈一指的美食殿堂地位。在半岛酒店的8家餐厅和酒吧里，可以享受到世界多国正宗的美食：吉地士餐厅提供精致轻盈法国美食；Felix餐厅是香港新派欧陆菜先锋，提供现代欧式佳肴；嘉麟楼以一流粤菜佳肴和点心见称，其迷你奶黄月饼及XO酱堪称名副其实的半岛名物，精选菜式包括各种生猛海鲜和香焗叉烧酥、翡翠龙虾饺及西西里红虾小笼包等巧手点心，全是深受欢迎的经典菜式；瑞樵阁提供传统瑞士菜式，是拉可雷特芝士和 芝士火锅爱好者的美食天堂，同时还提供经

半岛酒店

典瑞士美食，如“苏黎世风味”小牛肉、手工香肠配马铃薯煎饼以及其他一系列美味佳肴；大堂茶座提供正宗的欧陆式菜肴，且全天供应东南亚风味菜品；露台餐厅作为香港首家高档自助餐厅，以品质精良、风格多样的烹饪风格见长，供应早餐、午餐和晚餐，下午更有各类糕点和三明治；今佐日本料理的日本特产，不仅仅是爱好寿司、鱼生的食客们的理想选择，更是日本料理发烧友们的挚爱；半岛酒吧供应多种精致的特调鸡尾酒，在格调非凡的环境中品尝罕有的单一麦芽威士忌和陈年雅马邑，简直是人生乐事。

传统英式下午茶

在香港曾盛传这样一句话：“住不起半岛酒店，就到半岛去喝下午茶。”虽有调侃的韵味，却可体现人们对精致英式下午茶的追求。半岛酒店经典英式下午茶无与伦比，餐具茶具均采用传统名牌 Roberts Belk 的特制银器，每天需启动 8 部打磨机擦拭，令餐具光洁如新。茶点是最传统、最典型的三层英式下午茶甜咸点心互相搭配，再配以晶莹的草莓果酱和香滑的德沃恩舍尔奶油忌廉，半个多世纪以来制法不变。底层的提子松饼是半岛酒店的经典之作，每天只做 700 块，专供下午茶，用刀轻轻将松饼切成两半，用手撕开，蘸上果酱和奶油，细细品味，奶香柔滑，着实美味；中层是咸味点心，由馅饼和三明治组成，薄青瓜的清爽和烟熏三文鱼三明治厚重的口感互相交替，幸福的味道涌上心头；顶层是味道浓郁的各色

传统英式下午茶

甜点：蛋糕、巧克力、派。芒果挞最上层的黄色小半球采用特制的米皮包裹香浓的芒果酱，轻咬一口，爆浆的口感让人瞬间感受到浓郁的芒果香味，汁水萦绕在口腔中，绝对是舌尖上的完美体验。坐在华丽典雅的大堂，吃着精致美味的点心，慢慢品尝着朗姆酒、杏仁特制咖啡，听着大堂乐队现场演奏的古典乐章，满满都是英伦风情。

迷你奶黄月饼

被誉为“月饼界的劳斯莱斯”的半岛酒店嘉麟楼迷你奶黄月饼，是酒店的镇店之宝。其内馅由奶油、鸡蛋、上等咸蛋黄加上椰浆、蜜糖制作而成，口感绵密，浓郁香醇，甜而不腻；配上由独家配方制成的0.2厘米厚的金黄色饼皮，精致小巧，煞是可爱。轻咬一口，内馅和饼皮在舌尖相融，奶香满溢，回味无穷。

迷你奶黄月饼

半岛酒店

地址：香港九龙尖沙咀梳士巴利道22号

二、香港珍宝海鲜王国：珍宝王国

珍宝王国是香港两艘历史悠久、停泊在香港岛南区香港仔深湾的著名的海上画舫，由珍宝海鲜舫及太白海鲜舫组成，是香港港南区的著名地标。远远望去它犹如一座海上皇宫，这座海上皇宫凤阁龙楼，雕梁画栋，美轮美奂。周星驰的电影作品《食神》就在此地取景拍摄。

太白海鲜舫

太白海鲜舫开业于1950年，是香港历史最悠久的海鲜舫，早在20世纪50年代至60年代就享有盛名，英国女皇伊丽莎白二世等国际名流望族及知名影视演员，均曾莅临。珍宝海鲜舫开业于1976年，时值龙年，整艘船舫以龙为主题进行设计，大堂、厅房、门廊、亭阁，处处都仿照帝苑酒店来装修，精雕细琢，富丽堂皇。珍宝王国以其海鲜美食远近驰名，是世界知名的海上食府，所供应的食品有七成以上是以海鲜烹制。拥有大型海鲜池，养殖海鲜60多种，海鲜生猛、肉质鲜爽。宾客可亲自挑选各式渔获，厨师可按照客人的要求烹制出百种海鲜佳肴。其食谱之中，以龙虾最受欢迎，招牌菜式干邑龙虾翅、火焰醉仙虾、翡翠六头汤鲍、珍宝虾饺皇、瑶柱虾米煎薄饼以及干炒牛河等，亦广受欢迎，吸引着八方游客。

火焰醉仙虾

招牌菜式火焰醉仙虾是必点的菜式之一，菜品在食客面前当场烹调，食客可以看到厨师的制作过程，留下深刻印象。将酒精含量53%的玫瑰露，在客人面前烧热，于熊熊的火焰中再加入虾一并炒，食客随即便能享受色香味美的菜品。

古法蒸东星斑

蒸鱼是香港海鲜餐馆最具代表性的菜式之一。鲜活的海鱼只需清蒸或白灼，并佐以简单调味便已鲜美无比，蒸制时通常会加入陈皮、冬菇丝或姜葱增香。东星斑肉质丰满、肉色洁白，吃起来鲜美嫩滑，与豉油相得益彰，完美地彰显了粤菜清、鲜、嫩、滑、爽的要义。

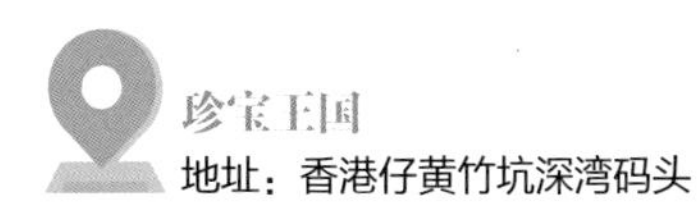

珍宝王国

地址：香港仔黄竹坑深湾码头

三、传统围村菜：大荣华酒楼

大荣华酒楼于1950年创立于元朗，以“围村菜”出名，其主理人是香港著名食神梁文韬，酒楼多次获得《米其林指南》推荐。所谓围村菜，即香港农家菜，只因元朗、屯门、粉岭等新界一带旧时多为农村，而这些农村为防御起见，把村落做成堡垒形，故名“围村”。

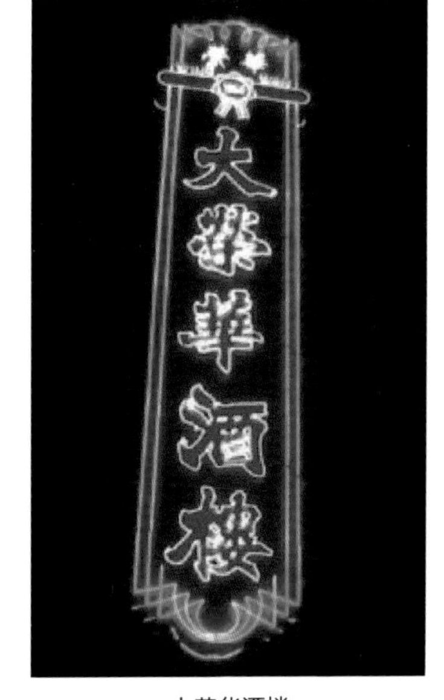

大荣华酒楼

大荣华酒楼的招牌菜式是“围头五味鸡”“炒长远”“奶皇马拉糕”“猪油捞饭”等。早茶菜品推荐胡椒猪肚，汤汁胡椒味道浓烈，猪肚脆而软；老牌点心牛百叶爽脆无异味，汁底浓厚；凤爪软糯多汁；奶黄马拉糕全身布满气孔，色泽金黄，轻咬一口，口感松软且富有弹性，层层之间抹着的薄薄奶黄夹心，奶香浓郁，甜度适中；紫薯水晶包外皮呈半透明状，如水晶一般，内馅由紫薯蓉混合桂花制成，吃起来软糯香甜，口感很不错。当家招牌菜式“玻璃皮糯米乳猪全体”，外皮香脆，内有香甜的糯米，肉质软嫩，米香四溢。另外“桂花蟹肉炒长远”“猪油捞饭”及“家乡蒸芋泥”等味道也不错，虽然是农家菜，菜品却一点也不含糊，风格粗犷，味道却精致，让每个食客都印象深刻。

围头五味鸡

围头五味鸡是围村菜的代表，用头抽浸制，与豉油鸡相似。所谓五味鸡，是用花椒、八角、桂皮、橘皮和草果腌制鸡肉，相比豉油鸡更添了一份甘香的味道。鸡肉皮薄，色淡黄，吃起来感觉微微发甜，肉质嫩滑，蘸姜、葱、酱后甚是美味。

围头五味鸡

炒长远

炒长远看起来就像是简单的鸡蛋炒粉丝，实则不然。相传是以前一些围村的老人，在孩子出国打工前，用海里的蚬熬出来的蚬汤加上虾肉、粉丝和鸡蛋半炒半烩而成，寓意“小人物（小河虾）出（蚬汤），莫忘家（鸡蛋）”。此菜烹调要求极高，炒粉丝时的火候要大而不焦，方能把蚬汤完全吸收，但也不能令粉丝吸收过多汤汁导致塌软。鸡蛋、虾和粉丝充分融合，饱含浓浓思念之情。

炒长远

大荣华酒楼

地址：香港元朗安宁路 2-6 号 2 层

四、阿一鲍鱼：富临饭店

富临饭店由被称为“世界御厨”的杨贯一先生于1977年创办，多年来一直秉承弘扬中国粤菜文化的精神，以阿一鲍鱼驰名中外，是香港著名的食府。富临饭店更是连续三年荣获米其林二星餐厅殊荣，驰名海内外。其主理人杨贯一先生，被香港人亲切地称呼为“阿一”。杨贯一精心研制的鲍参翅肚等高级菜肴为他打响了知名度，而且经过多年的钻研，“阿一鲍鱼”已成为富临饭店的镇店名菜。其推荐名菜还有富临脆皮鸡、烧汁焗牛尾、陈皮咕噜肉、鲍汁扣天白菇等。富临饭店除了经典粤菜家喻户晓，中式点心也是深受大家喜爱的。鲜淮山蒸鸡扎，以秘制火腿汁腌制鲜淮山、鸡髀肉、火腿、花菇，等待各项材料吸收淡淡咸香，于蒸煮前更会灌以上乘老火鸡汤，使鸡扎更入味；富贵咸鱼包，咸鱼芳香，让人垂涎欲滴；杜侯蒸金钱肚，豉味、甘香鲜甜，配以金钱肚之嚼劲，滋味独一无二；荔蓉香酥鹅肝盒，酥脆的炸芋蓉搭配甘香嫩滑的极品鹅肝，蘸少许欧洲陈醋享用，无疑令人垂涎三尺。

阿一鲍鱼

阿一鲍鱼采用炭炉瓦锅和文火煨鲍鱼的做法。选取日本出产的高质量干鲍，打破传统，采用砂锅、风炉、木炭为烹饪工具，配以老母鸡、排骨、金华火腿熬炖的高汤，以炭火直烧，每天9小时，煲煨3天，直至鲍鱼化为软嫩弹牙的绝品美味。富临饭店制作的鲍鱼，个个完好无损，犹如油煎的鸡蛋，中间裸露着一个金色的肉丸，原味原色、风味醇厚、味美色鲜，让人品尝后回味无穷。

阿一鲍鱼

阿一炒饭

阿一炒饭，以瑶柱、海虾、香葱及鸡蛋等入馔，放在砂锅中慢炒，而后加入火腿汁，关火后放入葱花，用余热逼出瑶柱和葱花的阵阵香味，米饭色泽金黄，颗粒分明。

阿一炒饭

炖牛尾

生鲍鱼展示

富临饭店
地址：香港岛铜锣湾信和广场首层

五、 避风塘炒辣蟹：喜记避风塘

喜记避风塘于1965年创立于香港，创始人廖喜（人称“喜叔”）一开始只是在铜锣湾避风塘的船上炒辣蟹，1978年香港政府停止发放海上熟食牌后，他便在鹅颈桥（铜锣湾、湾仔交界处的坚拿道天桥）下摆摊炒蟹。1997年，廖喜在铜锣湾谢斐道开设第一间喜记避风塘。而所谓“避风塘”，指的是香港历史悠久的铜锣湾避风塘，那里四处是停泊的渔船，渔家可

喜记避风塘

品尝到在“海上厨房”里即时烹煮的海鲜美食。喜记避风塘的招牌菜避风塘炒辣蟹，精选越南进口肉蟹，蒜蓉爆香，干爽不油腻，有淡淡的咸味，是拌饭的上好材料。另外还有金牌蒜香骨、广式家常碌鹅、辣酒煮花螺、鱿鱼拼九肚鱼、椒盐富贵虾等，也让香港、深圳的老饕流连忘返。

避风塘炒辣蟹

避风塘炒辣蟹

炒蟹选用越南大肉蟹，用佐料蒜蓉和豆豉油浸一天，用时才同姜、葱、云南野生指天椒一并落锅。炒制时先将蟹斩件炸香，再加辣椒油回锅，令蟹肉格外美味。上席时，油色红艳，蟹肉金黄澄亮，葱、蒜蓉等配料覆盖蟹面，焦香、蟹肉香、蒜香、椒香滋味和谐，香气四溢，令人食指大动。姜、葱、蒜蓉的香味浸透蟹肉，因此，既有蒜蓉的甘口焦香，又有蟹块的香辣，味道浓郁，令人越吃越开胃。

辣酒煮花螺

辣酒煮花螺是不少港式海鲜酒楼都有的传统菜，炒蟹店自然也是必备。花螺个头大，肉饱满；汁水辣味恰好，螺肉入味，口感脆而不硬。

喜记避风塘
地址：香港谢斐道 379 号 1-4 号地下铺

六、港式茶楼

岭南地处亚热带，日照长、气温高，流汗多，需要通过饮食来补充大量的水分。饮茶同喝水一样，首先是人类生存的需要。随着社会经济的发展，茶文化的内涵不断丰富，广州“叹茶”与潮州“功夫茶”，是岭南茶文化两朵绽放的奇葩。茶市、茶馆、茶具、用茶方式，以及人们对茶的品味等方面，均达到空前水平。

粤港本一家，即使在香港被殖民统治时期，香港普通民众的生活习惯、当地的风俗人情，还是跟广东非常相近。20 世纪 20 年代至 30 年代，广州流行什么，香港便跟从。香港的饮食一向是以广州马首是瞻，当广州人喜一盅两件，香港民众亦养成这种生活习惯。20 世纪 30 年代的香港，喝茶的地方有茶室、茶楼、茶居之分，其中以茶室的格调为最高。

1. 陆羽茶室

陆羽茶室是一间位于香港中环的茶室，由马超万及李炽南于 1933 年创办。茶室以茶著名，取字陆羽，故定名为“陆羽茶室”，茶室 2 层放置了 1 个陆羽像。陆羽茶室共有 3 层，每层皆有 3 个厅房。茶室内古色古香，挂有不少中国字画墨宝，充满怀旧味道，在香港鼎鼎有名。茶室秉承百年的香港传统文化味道，早已成了香港社会名流的饮食、社交

陆羽茶室

场所，有着“富贵饭堂”之称。陆羽茶室的熟客大都是富豪名流、文人雅士。陆羽茶室依然保留珍贵的传统茶式点心，如琥珀桃仁、凤城煎米鸡、火鸭甘露、淮山鸡扎、网油牛肉等，陆羽茶室的点心被称为“星期美点”，意思是错过了这周，大概要等一个月才会轮上，颇有常来常新的意味。另外一些菜式是菜单上没有的，如猪肺杏仁汤，熟客皆知，能称得上是“镇店之宝”。

猪肺杏仁汤

猪肺杏仁汤是几近失传的传统粤菜。猪肺洗得不带一点血丝后切件，采用原盅炖，炖成清汤后加入原粒南北杏磨制的杏浆，再加入陈

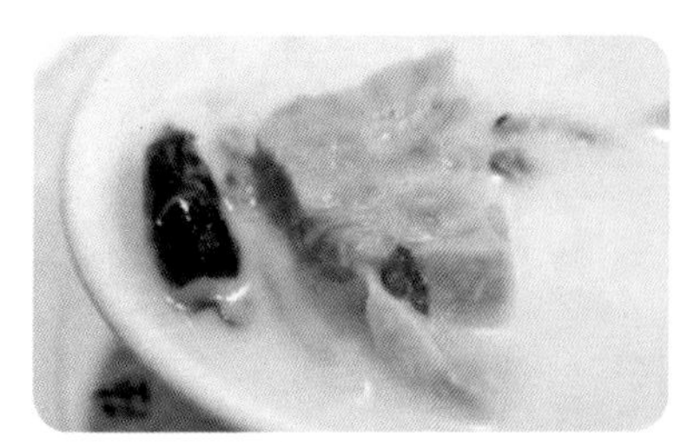

猪肺杏仁汤

皮、红枣以及白菜干炖足5小时。汤色奶白，喝起来香气浓郁，入口没有猪肺的杂味，却有杏仁的芳香和回甘。

虾多士

虾多士一例8件，分量十足。虾仁拍碎成虾泥，混合姜、葱等调味料拌匀至有黏性后，铺在涂抹有均匀蛋液的土司片上，小火炸至呈金黄色后，捞起装盘即可。新鲜出炉的虾多士，虾肉弹牙，多士香脆，配上酸甜酱汁，简直令人欲罢不能。

虾多士

陆羽茶室

地址：香港中环士丹利街24号地下1-3层

2. 添好运点心专门店

点心是指糕点类的食品。相传东晋时期有一位大将军，见到战士们日夜血战沙场、英勇杀敌、屡建战功，甚为感动，随即传令烘制民间广受欢迎的美味糕饼，派人送往前线，慰劳将士，以表“点点心意”。自此以后，“点心”的名字便传开了，并一直沿用至今。南北点心各有风格，南方人一般提到点心，首先会想到广式点心。广式点心的品种、款式和风味是由皮、馅和技艺决定的。

添好运点心专门店始创于2009年。创始人麦桂培，2009年之前供职于香港四季酒店，任中餐厅龙景轩的点心间厨师长。2009年3月，他与朋友合资，于旺角开设添好运点心专门店，并且于同年年底获得了《米芝莲指南　香港/澳门2010》一星餐厅的称号。麦桂培的“添好运”坚持了传统广东点心的食材及制作方式，其点心均“即叫即蒸”、新鲜现造，

添好运点心专门店

且价格仅为星级酒店中餐厅点心价的一半甚至更低，故深受食客好评。

美味推荐：酥皮焗叉烧甜而不腻；鲍汁蒸凤爪软烂多汁；古法糯米鸡荷香满满，软糯香甜；沙律虾春卷，春卷里裹着沙拉酱和大虾，外皮金黄酥脆；牛肉肠粉爽滑不腻；鲜虾烧卖皇，虾肉和馅料充分混合，紧实而富有弹性；杞子桂花糕，吃起来冰冰凉凉，带着桂花的香气及淡淡的甜味，很是清爽；马拉糕，松软美味；晶莹鲜虾饺，饺皮通透晶莹，即点即蒸，鲜虾弹滑，滋味十足。

酥皮叉烧包

添好运点心专门店靠着这一道酥皮叉烧包，成了米其林一星餐厅，酥皮叉烧包也成了必点的点心。酥皮叉烧包入口便觉香酥可口，层次分明。酥皮奶香浓郁，具曲奇口感，叉烧肉口感偏甜，配合着酥皮一起吃，恰到好处。

酥皮叉烧包

古法糯米鸡

古法糯米鸡，糯米混合馅料用荷叶包裹蒸制而成。糯米吸收了鸡肉和荷叶的香味，三味合一。打开荷叶，糯米色泽金黄诱人、清香扑鼻、口感软糯，与馅料互相渗透后味道交融，每咬一口都是满足。

添好运点心专门店

地址：香港西九龙海庭道 18 号奥海城 2 期地下 G72 铺

七、港式茶餐厅

1. 金凤茶餐厅

1956 年开业的金凤茶餐厅，见证了香港美食的时代变迁，并早已成为湾仔的标志之一。金凤茶餐厅深受街坊甚至国内外游客的欢迎。其地方虽窄，却一点也不影响食客品尝美食的热情。金凤茶餐厅坚守着香港传统茶点的情怀，吸引了一批又一批的海内外游客，优质的用料也让餐厅两次被评为“最优秀湾仔开饭热店”。

金凤茶餐厅

金凤三宝

奶茶、菠萝油和蛋挞堪称“金凤三宝”。奶茶香浓丝滑，即使加了冰，也无法掩盖住浓浓的茶香和入口如丝绸般的口感，甜度适中，齿颊留香，回味无穷，赢得美食家蔡澜“一香、二浓、三滑”的赞誉。餐厅所用的冰是用奶茶做的奶茶冰，最大限度地保留了奶茶原有的味道，而不至于被冰水冲淡口感，甚至喝不下去。菠萝油小而圆，盖着一层厚厚的奶酥。热腾腾的蓬松菠萝包口感酥软，奶香浓郁，夹着的牛油冰凉且略带咸味，给人一种冰火两重天的口感，降低了牛油的油腻感，让人意犹未尽。酥皮蛋挞采用猪油制作，层次分明。每次端出来都还是热的，一口咬下去松脆香口，入口即化。

烘底蛋牛治

烘底蛋牛治蛋香浓郁，牛肉嫩滑。牛肉切粒加入调味料抓匀，放入冰箱腌制一晚。热锅凉油，将腌好的牛肉快速下锅划散，盛出放入搅散的蛋液中，锅底刷油并倒入牛肉蛋液，将其摊成小蛋饼，夹入提前准备好的酥脆的土司片中即可。

烘底蛋牛治

烘底蛋牛治用料十足，咬下去是嫩滑多汁的牛肉和浓郁的蛋香味，让人欲罢不能。

金凤茶餐厅

地址：香港湾仔春园街 41 号春园大厦地下

2. 金华冰厅

冰厅是一种售卖冷饮、雪糕、沙冰等冷冻食品的饮食场所，广泛存

金华冰厅

在于内地和香港、澳门地区。第二次世界大战后，香港民众受西式饮食风俗影响日甚，冰厅遂相继兴起，提供廉价的仿西式食物。冰厅当时主要提供咖啡、奶茶、红豆冰等饮品，配以三明治、奶油芝士等小食，部分设有面包工场，可制作新鲜菠萝包、蛋挞等。金华冰厅位于香港地铁太子站，店里的菠萝油驰名香港几十年，每天几乎不间断地出炉，从6：00—18：00，每隔5～8分钟就出炉一次，即到即有新鲜的吃食。菠萝油的出处，至今无处考证，而这种食物和奶茶却成为香港民众每天不可缺少的生活伴侣。

菠萝油

菠萝油是将新鲜出炉的菠萝包夹上一大块冰冷的牛油，牛油受菠萝包的热力影响而融化在包身的中间位置，包身会因融化的牛油变成金黄色，而食用时菠萝油与菠萝包相比的不同之处是前者能够吃出浓厚的牛油的香味。金华冰厅的菠萝

菠萝油

油号称“全港第一”。采用手工揉面，发酵后在上面铺一层由糖、黄油、面粉、蛋黄等制作的“菠萝皮”，烤制后涂蛋液进行二次烘焙，最后夹入冻牛油块。金黄色的脆皮菠萝包配上冻牛油，“酥、香、脆、咸、冻”，每一口都可满足所有感官，让人欲罢不能。

鸡批

除了菠萝油，金华冰厅还把其他不少传统香港面点做得很出色，比如“鸡批”（鸡肉馅饼）。鸡批里面的馅料丰富，除了鸡肉粒外，还有火腿丝、洋葱和罐头蘑菇等。批皮上面洒了些芝麻，吃起来又脆又有牛油香味。鸡批咸中带甜，外皮香脆、内馅湿软。

金华冰厅
地址：香港太子弼街 47 号地下

3. 兰芳园

兰芳园是香港最有名的丝袜奶茶餐厅，于 1952 年由林木河创办。据说在 1952 年，林木河在中环摆花街开设兰芳园大排档，每天下午都会吸引附近的工人前来光顾，工人们见林木河将茶装袋冲调，觉得很有意思，看到茶袋是咖啡色，以为是丝袜，所以以后每次去就大叫“来杯丝袜奶茶”。从 1952 年到 2020 年，整整 68 年的时光，林木河对奶茶的配方和工艺不断调整，用不同的茶叶和奶组合，一遍遍地尝试，一次次地冲泡，不断钻研寻找更优的组合方式和冲泡工艺，最终才有了现在广受好评的丝袜奶茶，也使兰芳园成为港式奶茶标杆。美食家蔡澜也曾说：“不喝兰芳园，就相当于没来过香港。”除奶茶外，兰芳园还供应传统食品，如多士、三明治等，其他食品包括葱油鸡扒捞丁（捞“出前一丁”面）、奶油猪仔包、猪扒包、番茄薯仔汤通粉等。每日吸引不少名流、中环上班族及海外旅客慕名光顾，其门外常见长龙般的等候队伍。

兰芳园手工丝袜奶茶

兰芳园手工丝袜奶茶是餐厅招牌食品，由5种斯里兰卡天然顶级红茶调配而成。茶叶来自斯里兰卡中部地区，茶叶饱满，颜色很深，成色好看；选用马来西亚黑白淡奶，其质地厚重、口感爽滑，与茶叶结合后能保持很久的奶香。使用小铜壶冲泡奶茶，每壶茶煮的时间不超过2小时，煮茶时严格控制茶汤质量，茶汤用质地最密的、缝制棉衣内层的布过滤，这样调制出来的奶茶更加细腻，这也是丝袜奶茶“丝袜”的来源。利用独创的“八手”撞茶法，再用一定的手法和力道进行撞奶，使茶和奶彼此融合，才是恰到好处的丝袜奶茶。丝袜奶茶集香、滑、浓于一身，淡淡的奶酥味萦绕鼻腔，简直就是舌尖上的享受。

兰芳园手工丝袜奶茶

兰芳园
地址：香港岛中环结志街2号及4A-6号

八、人尽皆知的烧鹅美味

1. 香港烧鹅第一家：镛记酒家

镛记酒家由甘穗辉在1942年创立，是香港知名的食肆，以烧鹅驰名。1968年，镛记酒家被美国《财富》杂志评为世界15大食府之一。镛记酒家的前身是位于港澳码头附近广源西街售卖烧味的大排档。镛记酒家除了以烧鹅驰名中外，亦精于烹调各款传统粤菜佳肴。著名菜式包括自制“溏心皮蛋”“金牌烧鹅”“老式煀斑尾”“礼云子琵琶虾”及“扎蹄”。

镛记酒家

飞天烧鹅

镛记酒家的飞天烧鹅，也称为飞机烧鹅，它的得名是因为很多外国游客、华侨在品尝镛记烧鹅后，往往意犹未尽，就会另外打包烧鹅带上返程的飞机。镛记酒家选择大小合适的黑鬃鹅，以炭炉烧制，其表皮烤得金黄酥脆，色泽枣红均匀，

飞天烧鹅

皮香肉嫩，微微的炭火味更增添香味的深度；薄薄的一层皮下脂肪渗到鹅肉中，增添了肉质的鲜美。若再蘸上特制的干酸梅酱，层层口感在口中迸发，在解腻又开胃的同时，更加有说不出的幸福滋味。

镛记酒家
地址：香港中环威灵顿街 32-40 号

2. 香港烧鹅“新秀”：甘牌烧鹅

食烧味，去甘牌。甘牌烧鹅是香港烧鹅名店“镛记酒家”创始人甘穗辉的孙子甘崇辕开设的新餐厅，开业仅四个月就获得了米其林一星餐厅的头衔。通常而言，平价的餐厅有米其林加持一定少不了排队，甘牌烧鹅也不例外。烧鹅整齐地挂在店铺门口的玻璃橱窗里，油光锃亮，十分诱人，所以店外几乎每天都是长长的队伍，店内也总是座无虚席。

甘牌烧鹅

甘牌招牌烧鹅

用古法处理鹅肉，秉承了传统的制作工艺。烧鹅的肉质很鲜嫩，鹅肉的味道被原汁原味地呈现出来，鹅肉鲜嫩多汁、味浓而香、肉香皮酥，皮与肉之间还有一层肥膏，咬一口肉汁就顺势流下。口味咸中带甜，甜中有鲜。

甘牌招牌烧鹅

甘牌烧鹅
地址：香港湾仔轩尼诗道226号宝华商业中心地铺

3. 本土正宗烧腊：再兴烧腊饭店

再兴始创于清光绪末年，由一个潮州人家庭经营，第二次世界大战前在湾仔开业，战后饭店改名为“再兴”，现在由第四代传人周巧和掌舵。再兴在香港算是数得上的老字号了，店门口常年排着长龙，店里的人都忙到团团转，排队点外卖的大多是上班族，坐在里面吃得优哉游哉的大多是熟客。美国 CNN 评论再兴烧腊是“四十款生命中不能或缺的香港食品”。

再兴烧腊饭店里的烧腊也比别处的更加齐全，叉烧、烧肉、烧鸭、油鸡、

再兴烧腊饭店

烧鸡、烧排骨、烧鸡翼、香肠、猪耳等林林总总，金黄、玫红、鲜红、赭红、深褐色的皮肉琳琅满目，其中点缀着绿油油、白花花的葱蒜调料。

烧鹅饭

烧鹅皮就像薯片一样，口感香脆。鹅肉肉质特别鲜嫩，咬一口会吱吱冒油，满口留香，咸甜适中很入味，同时充满了炭烤的烟火味。

烧鹅饭

再兴烧腊饭店

地址：香港湾仔轩尼诗道 265-267 号地 C 座（史钊域道）

4. 香港烧鹅师祖：一乐烧鹅

一乐来自20世纪50年代的“一乐冰室”，后来才于20世纪70年代开始经营“一乐烧鹅”，现由第二代主理人朱建华管理。朱建华从年少便开始跟父亲学做烧腊，他的弟弟则是中环店的负责人。虽说同出一脉，不过他的弟弟曾四处漂泊，后来才在中环现址开店，跟大哥学做烧腊。从调味、腌制、风干，到控火烧出皮脆肉嫩的靓鹅，一点一滴的努力，成就了现今获米其林一星殊荣的烧腊店。

烧鹅腿濑粉

一乐烧鹅专营烧鹅。除了碟头饭，面和粉都是茶餐厅的标配，烧鹅腿濑粉极具香港特色，也是全球各地人士前往香港必定尝试的食物之一。一乐的烧鹅外皮颜色稍深，皮脆肉嫩多汁，烧鹅汁流入饭里、粉面汤里，那种美味真是无与伦比。同时，搭配的酸梅酱十分足料，味酸的同时十分清新，梅香醒胃，能够中和烧鹅的肥腻感。美食家刘健威也曾评价它：“鹅肉皮脆热辣，香口肉嫩，汤底味浓。”

烧鹅腿濑粉

一乐烧鹅
地址：香港中环士丹利街34-38号地铺

九、独具老港特色的主食

1. 港式粥面专家：何洪记

1946年，何洪记发迹于广州西关，以云吞面打响名号，后来落脚香港，从街边小吃做起。时至今日，何洪记对手工擀制竹升面的功夫及要求仍然代代相传。

何洪记

鲜虾云吞面

何洪记的鲜虾云吞面风靡全港甚至全球。用传统的方法制作，保证面细爽口。云吞包裹的馅料，除了虾和瘦肉外，还有一种类似扁木鱼粉的调料，它和虾、肉搭配在一起，竟是如此相配，也增添了云吞丰富的口感。何洪记的云吞不以“大”哗众取宠，而是强调一口一粒，让整颗云吞的肉汁能原封不动地保存在口中。云吞薄皮肉满，口感扎实弹牙，汤底清甜却不失浓郁，据说店家采用猪油、麻油等配合大地鱼来熬汤，是香港少数仍保留20世纪五六十年代粉面风味的小店。

鲜虾云吞面

干炒牛河

除了面食之外，这里的粥、河粉也相当有水准，特别推荐的是干炒牛河，美食家蔡澜称赞它：“在香港想吃上上等的干炒牛河，只此一家也。”

干炒牛河

正斗生肠及第粥

何洪记正斗生肠及第粥，粥底经过长时间的熬制，入口绵滑。粥料很足，有瘦肉、猪肠，还有猪肚、猪肝等，切片大块，真材实料，新鲜味美。

何洪记

地址：香港铜锣湾轩尼诗道 500 号希慎广场 12 层 1204-1205 号铺

2. 港式云吞面鼻祖：麦奀云吞面世家

麦奀是人名，他经营的云吞面可以说是香港云吞面的鼻祖，他的父亲麦焕池于 20 世纪 30 年代在广州西关创立“池记”云吞面档，其凭借着高超的制面和包云吞技术，吸引了许多达官贵人和社会名流慕名光顾。所以麦焕池也被称为“广州云吞面大王”，但由于战乱等原因，麦焕池举家搬至香港，他的儿子麦奀继承了父亲的手艺，在香港逐渐打下基础。目前麦奀云吞面世家由麦奀的二儿子打理。

麦奀云吞面世家

细蓉

麦奀云吞面世家的细蓉，匀在底，先加云吞，后加面，最后入汤，此为正统。这里的面条为全鸭蛋和面，成品韧性很好。碗内约有生面1两，云吞4粒。食法是一口汤，一口云吞，一口面，刚好3筷面，4粒云吞吃完。云吞皮很薄，内馅为鲜虾及少量的大地鱼粉，吃起来肉质弹牙，鲜味浓郁。汤底以大地鱼、虾为基础，真正做到汤清味浓，鱼虾味非常浓郁。汤内还有少量韭黄，增添美味并带来清脆口感。

细蓉

麦奀云吞面世家

地址：香港中环威灵顿街77号地下

3. 香滑黏稠鱼腩粥：生记粥品专家

生记粥品专家以鱼粥出名，样式有多种选择，无论是鱼骨、鱼腩、鱼片还是鱼丸都一应俱全，完全不枉它“粥品专家”的封号。据说生记粥品专家在香港屹立40多年，只有这种默默耕耘的拼搏精神，才能铸就

生记粥品专家

这一碗超越纯粹果腹作用的令人满足的粥。粥口感绵滑细致，咕嘟下肚醒胃畅快，一口接一口的，停不下来，熬粥的火候、时间肯定都下了苦工，可谓功夫粥也。

此外，粥品十足的分量也让人津津乐道。一碗鲮鱼球粥就有整整 12 粒巨型饱满的自家制鲮鱼球。另外，驰名的“鱼腩粥”“鱼骨粥”也是店里的招牌粥品。粥本身已很够味，但每碗粥还是会配上小碟盛放的秘制豉油加姜丝，供食客根据个人喜好将姜丝加入粥中拌食。如果想要尝试多种食材，还有爽口弹牙的猪心和滑嫩的猪肝粥品可选。

及第鱼腩粥

这碗包含了猪肝、猪腰和猪粉肠的及第鱼腩粥，不单把各种不同口感的内脏煮得恰到好处，还毫无异味。猪肝煮熟的程度刚刚好，嫩滑顺口，细品发现，其不但不腥，还有一股清香的酒味，带出了猪肝的鲜味。粥中的鲩鱼，没有土味，也完全不腥，十分新鲜，但吃起来还是猪肝和粥更加合拍。

及第鱼腩粥

生记粥品专家

地址：香港上环毕街 7-9 号地下

十、传统港式糖水

糖水，又称甜羹，其实就是甜品，一种带甜味的羹汤，流行于两广及港澳等地。糖水一般煮得较稠，不同时节会加上不同食材，因时而食，因此粤语一般称“食糖水”。糖水可热食或冻食，款式随时令而改变，如夏天食绿豆沙可清热，冬天则可食芝麻糊暖身。而不同糖水也有不同功效，如红豆沙具有补血养颜功效。

1. 许留山

许留山是香港著名的甜品店，由香港人许留山创办于20世纪60年代，起初以售卖清热祛湿的特种龟苓膏及各款凉茶起家，1992年凭借独创的“芒果西米捞”奠定其港式鲜果甜品店的专有地位，时至今日发展到有100多间分店，更成为全球观光旅客访港必到的甜品名店。许留山专门售卖甜汤、甜品和小食，以芒果为主要材料，注重品质与细节，严选最优质的菲律宾吕宋芒，由分店师傅即时制作经典的芒果系列甜品。许留山传承经典，创新求变，多年来创作了一系列脍炙人口的港式甜品。招牌甜品有多芒小丸子、金粉捞丸子、鲜什果芒果布丁、芒果捞、木瓜椰汁雪蛤膏、椰汁雪蛤官燕捞等。

多芒系列

严选菲律宾时令吕宋芒，香甜多汁、香味醇厚，再配合自家制作的小丸子、水晶条及河粉等不同配料，打造出多款王牌芒果甜品，其美妙滋味令人无法抵挡。口碑甜品多芒小丸子，采用纯手工制作，大块芒果，配上弹性、嚼劲十足的小丸子，简直完美。20世纪90年代许氏首创的多芒西米捞，将爽口西米搭配新鲜芒果肉，让食客亲身参与创新的美食体验中，从此掀起经久不衰的健康甜品风潮。芒之恋集合芒果糯米糍、芒果小丸子及芒果亮晶晶三款人气产品，搭配

多芒西米捞

秘制芒果捞球、新鲜芒果肉与芒果汁，三重芒果滋味一同呈献。

许留山

地址：香港九龙旺角弼街 51 号明发大厦地下 A、B 铺

2. 佳佳甜品

创立于 1982 年的香港佳佳甜品，主打香港传统的中式糖水，如汤圆、芝麻糊、杏仁露等，虽没有新式甜品店选择多样，却真材实料、品质如一，深受食客喜爱。佳佳甜品连续多年上榜米其林街头小吃推介，著名影视演员周润发更是该甜品店的常客。佳佳甜品自开业以来，售卖的糖水款式基本不变，这看似简单却深藏着老板几十年来的坚持。精制杏仁露、香滑芝麻糊和补脑核桃露被称作是“佳佳三宝”。精制杏仁露有着特殊的坚果香气，质地绵滑之余，有着不腻人的清甜；香滑芝麻糊的做法繁复，却依然坚持古法，芝麻香气浓郁，没有一点焦味；补脑核桃露尝起来温和而不甜腻；招牌甜品宁波姜汁汤圆，姜汁辣、芝麻香，在寒冷的天气来上一碗，最是暖身，令人意犹未尽；冰糖炖木瓜，口味清甜、清香沁人。

香滑芝麻糊

佳佳甜品招牌香滑芝麻糊，采用特选黑芝麻，经慢火细炒后浸泡 1 小时，重复 3 次后用石墨慢慢磨，磨完再先后用快火及慢火煮，总共时长 45 分钟，这样制作出来的芝麻糊质地黏稠，香气浓郁扑鼻，一入口便能感受到丝滑般的口感。

各种糖水

佳佳甜品

地址：香港佐敦宁波街 29 号地铺

3. 利苑酒家

利苑酒家由有“南天王”之称的广东军阀陈济棠的幼子陈树杰先生于1973年创办。作为利苑集团的创始人，陈树杰在餐饮界被人尊称为“陈校长”，利苑集团更获得餐饮界的“粤菜黄埔军校”的美誉。利苑酒家在保证传统粤菜的基础上，搜罗来自世界各地的美食精华，并与传统的粤菜搭配，打造出独具一格的新式粤菜文化。推荐菜品有烤乳鸭、陈公焖、贵妃海鲜泡饭、杨枝甘露配擂沙汤圆、西施杏仁露等。

利苑酒家

杨枝甘露

杨枝甘露是一种港式甜品，于1984年由香港利苑酒家首创。采用沙田柚（或西柚）及芒果、西米、椰汁、鲜奶油（或淡奶）及糖制作而成。柚子剥出肉，芒果则切粒，拌在西米、椰汁及糖水中，冷冻后食用。亦可在杨枝甘露中加入杂

杨枝甘露

果或燕窝。因其味道广受欢迎，又被制作成其他食品，如杨枝甘露蛋糕、杨枝甘露布丁、杨枝甘露雪糕等。

利苑酒家

地址：香港九龙柯士甸道西 1 号圆方 2068 – 2070 号铺

十一、香港米其林餐厅

1. 全球十大酒店食肆之一：唐阁（T'ang Court）

唐阁之名，取自昌盛繁华的唐朝，唐朝是中国历史上鼎盛的朝代之一，民生繁荣，根基扎实，在各个领域涌现了众多经典的作品。唐阁是香港朗廷酒店内的米其林三星粤菜餐厅，2009 年被极具权威的饮食指南《米芝莲指南　香港 / 澳门 2010》评选为星级餐厅，现为全球 5 所荣获米其林三星的中餐厅之一。唐阁格调典雅，餐厅主要提供港式粤菜等，菜肴极具水准，精选顶级食材，口味地道。如果具体到菜肴单品，唐阁更是获奖无数。这些获奖作品包括三葱爆龙虾球、金钱鲜虾球、露皇金银虾、火焰蜂巢银鳕鱼、芥末香葱爆、牛柳粒，以及生煀斑头腩等。当然，餐厅在烧味、鲍鱼、官燕、汤羹、贝壳、素食和主食等方面也都有很高深的烹饪工艺。就连《米其林指南》国际总监米高 · 艾利斯（Michael Ellis）也感叹道："唐阁卓越的烹调水准，值得专门造访！"

三葱爆龙虾球

三葱汇聚，运用爆炒的烹调手法，以中华料理的至高技艺锁住三葱之香。虾肉满锅，锅中附带三葱的香，以及浓烈

三葱爆龙虾球

的调料味，但是完全不抢龙虾肉的鲜美。

唐阁（T'ang Court）
地址：香港尖沙咀北京道 8 号香港朗廷酒店 1 层

2. 全球第一家米其林三星中餐厅：龙景轩 （Lung King Heen)

这间时尚精致、口味正宗的香港粤菜餐厅——龙景轩是全球首家荣获米其林三星评级的中餐厅。这家米其林三星级餐厅以海鲜和点心最为驰名，吸引着来自五湖四海的众多饕餮食客。龙景轩位于四季酒店 4 层，站在店内可饱览海港绝美景观。该餐厅选用本地最新鲜的高级食材入馔，并由在当地享有盛名的精英厨师团队亲自操刀制作。

整只鲍鱼鸡粒酥

有人赞美这道菜是“粤点巅峰之作”，挞皮包着鸡粒，上面又铺了一只小鲍鱼。一口咬下，浇汁的咸鲜配上挞皮的那一点甜，令咸味与甜味交织，口感层次丰富，更不用说还有鲍鱼、鸡粒那新鲜的口感了！

整只鲍鱼鸡粒酥

焗酿蟹盖

做法大致是将整只蟹的蟹肉剥离下来填满蟹盖，最后焗酿。外表金黄酥脆，用勺子直接挖出鲜美的蟹肉食用，让人十分满足。

龙带玉梨香

小小一颗颇有讲究，虾肉酿入澳带和啤梨中，裹粉酥炸，这三者的味道就融合得相当出色，虾肉弹牙、澳带鲜甜、啤梨爽脆，顶端点缀了小枚的紫苏叶和火腿，整体软嫩清香，汁水四溢。

龙景轩（Lung King Heen）

地址：香港中环金融街 8 号四季酒店 4 层

3. 低调的奢华：明阁（Ming Court）

明阁位于香港朗豪酒店的 6 层，整体装修简洁大方，很有古典韵味。餐厅食物好吃，服务优质。菜单上有传统美食和现代菜肴，还有各种红酒。

松露金缕衣

这道菜是明阁的招牌菜式，2010 年获得香港旅游发展局“美食之最大赏”金奖。做法是把鸡肉打成酱，再重新填回鸡皮中。鸡皮口感不再像普通鸡皮一样干，上面撒满黑松露，一口咬下去满满松露香，连下面垫的松露南瓜都非常好吃呢！

明阁流沙包

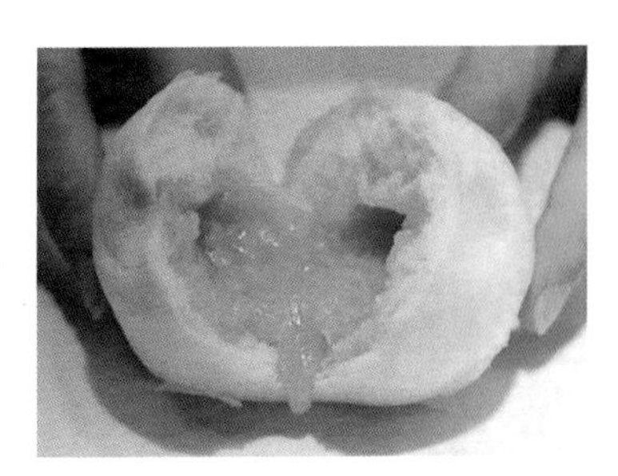

明阁流沙包

两寸半的流沙包是这家餐厅的一大亮点。圆滚滚的包身一掰开，里面的蛋黄馅料就涌了出来，流心效果让人心花怒放。蛋黄馅的奶味颇足，甜得又不过分，搭配上咸蛋黄吃起来很香。里面的油量虽不少，但好在够热，所以吃起来全然不腻。包身也是香甜松软不黏牙，怪不得可以冠以餐厅的名字，这的确是一道出色的招牌点心。

明阁（Ming Court）

地址：香港旺角上海街 555 号香港朗豪酒店 6 层

PART 3

澳门特色美食

充满异域风情的葡国菜

澳门是个美食荟萃的地方，面积虽小，却有多种风味汇集，东南亚菜、印度菜、西餐、日料等均可在澳门享受到，其中最有名的莫过于葡国菜。由于历史原因，澳门从400年前起就受葡萄牙文化影响，如今在澳门的街巷及建筑中都不难发现葡国风格的设计，也有很多葡萄牙人或者早在20世纪就定居在澳门的土生葡人（在澳门出生的葡人后代）生活于此。在澳门有三种葡国菜，第一种是在里斯本（葡萄牙首都）可以吃到的传统葡国菜；第二种是从土生葡人家庭衍生出来的土生葡人菜，即使用葡国食材融入少许粤菜概念的特色菜，如白蛤葡国腊肠和猪皮的葡式杂烩；第三种是澳门葡国菜，所谓澳门葡国菜，是澳门本地人以带葡式风味的食材打造的葡国菜，是在葡萄牙吃不到的葡国菜，这类菜品多见于澳门本地的茶餐厅和餐室，如用葡国腊肠、西红柿汁、彩椒、黑水榄、虾仁炒出来的西洋炒饭等。

一、木偶葡国餐厅

木偶葡国餐厅于1977年开业，是澳门氹仔的第一间葡国餐厅，是当地有名的葡国餐厅，标榜正宗地道的葡国烧烤料理，为澳门葡国餐厅权威代表之一。餐厅为典型的葡式建筑，黄白相衬的外墙搭配欧式木制窗框，显示出浓浓的葡国气氛。餐厅的菜式大体分为三类：咖喱、炭烤与热炒。最出名的是店内首创的咖喱蟹，以29种香料调配出独特美味的咖喱，咖喱带有椰奶香，配合新鲜的拣手肉蟹，拌炒后，蟹肉既保留了新鲜海鲜原有的鲜甜，又充分吸收咖喱独特的香味，形成前所未有的独特风味，开创了澳门咖喱蟹的先河，是许多顾客必点的菜式；口味浓郁的炭烤菜

木偶葡国餐厅

式，外焦里嫩，以烤羊排、烤墨鱼、烤鸡最受欢迎；热炒则以中式吃法为主，如澳门腐乳空心菜、辣味蒜泥大虾等，也有正宗葡式热炒，如马介休球、蒜蓉焗大虾，都是热炒类的推荐菜色。

葡国鸡

虽然名字叫葡国鸡，却并非葡萄牙当地菜，而是来到澳门的葡萄牙人受东方文化影响，混合了葡国菜料理手法而创造出来的一道名副其实的土生葡人菜。葡国鸡采用印度香料黄姜粉、马来西亚椰浆、葡国腊肠和黑橄榄、澳门常用香草月桂叶进行制作，特殊的原料将这道菜的独特风味发挥到极致，微辣中带点甜的顺滑口感非常下饭，是餐厅和澳门家庭餐桌上十分常见的经典菜式。色泽鲜艳，味道浓郁，用料厚道。一块块鸡肉被金黄色的浓汤充分浸泡，若隐若现。夹一块葡国鸡放入嘴里，一股热带风味随之在口中爆发，鸡肉鲜嫩可口、香味浓郁，咖喱和椰汁的香味在口腔中充分混合，令人十分享受。

木偶葡国餐厅

地址：澳门氹仔旧城区消防局前地 38 号

二、小飞象葡国餐

坐落于澳门氹仔旧城区地堡街街角的小飞象葡国餐是澳门小有名气的葡国菜餐厅，餐厅秉承正宗葡国餐的风味，分量十足、质量兼备。餐厅招牌菜是以美国进口新鲜牛肉作食材的一系列菜品，另外，还有用爆香的洋葱、辣椒等配料加入香味浓郁的咖喱粉中制成的咖喱汁。推荐菜品有葡国鸡、马介休、蒜蓉焗青口、红酒烩牛舌、烧猪手、大虾沙律、咖喱蟹、烧牛肋骨等。

小飞象葡国餐

马介休

此名源自葡萄牙语 Bacalhau，意指用盐腌制而成的鳕鱼，其制作方式简单，将马介休、马铃薯泥和香芹混合成球状炸至金黄即可，是经典葡国美食，也是小飞象葡国餐必点招牌菜。腌制过的鳕鱼，肉质紧实、咸香可口，混以薯泥一起油炸，色泽

马介休

金黄，外酥内软，一口咬下去还能感受到丝丝鱼肉，薯香、鱼香和淡淡的香芹味令人沉醉，回味无穷。

小飞象葡国餐
地址：澳门氹仔地堡街喜来登广场 2 层

三、船屋葡国餐厅

船屋葡国餐厅是澳门颇负盛名的地道葡国菜餐厅，也是米其林推荐餐厅。餐厅老板是土生葡人，因此餐厅的葡国菜的煮法和味道都非常正宗。餐厅内以原木横梁做装饰，就像船舱内的龙骨，清雅的黄白相间斗拱十分有特色。船屋为木制，颇有在船上小屋吃饭的感觉。餐前面包外酥里嫩，裹着黄油吃，根本停不下来；招牌菜烩牛尾非常入味，肉质鲜嫩；葡式海鲜饭用料大方，分量足，融入了香浓的海鲜汤汁米饭，搭配蟹肉、鲜虾与一杯美酒，相当对味。其他必点菜有船屋炒蚬、椒盐中虾、非洲辣汁鸡等。

船屋葡国餐厅

葡式烩海鲜饭

精选产自葡萄牙的一种淀粉含量不高的大米，加入多种海鲜、众多的香料和配料同烩，使鲜味与米饭相融合，鲜香四溢。满满的海鲜藏于米饭下，翻开米饭，虾、蟹、青口分量足，食材新鲜，口感软糯，佐以地中海黑橄榄，散发出沁人心脾的香味。米粒颗粒分明，吸足了汤汁，细细咀嚼，能充分感受到虾肉的弹牙和汤汁的鲜甜。

葡式烩海鲜饭

船屋葡国餐厅

地址：澳门半岛下环河边新街 289 号

四、品味坊

星际酒店的品味坊，是米其林及美国 CNN Travel 推荐餐厅。餐厅布局仿若世外园林，咖啡色与绿色的组合令人格外舒畅，给人以安逸的感觉。餐厅主打欧陆风格的菜式，招牌菜式有法国鹅肝、Proto 酒烩西梅、特色非洲鸡、黑松露龙虾意大利馄饨等。法式龙虾汤鲜香美味，龙虾壳烤过以后，爆香熬汤，再打碎龙虾壳，用上汤长时间焖煮，最后放入龙虾肉熬成龙虾浓汤。此外品味坊的“葡式海鲜饭”更被美国 CNN Travel 评价为“十大澳门必吃美食”。餐厅会根据当月的新鲜食材设计不同的菜单，令每位食客都能保持新鲜感，也吸引本地人一再光顾。

非洲鸡

非洲鸡是一道特别的葡国菜，既非传统葡国菜，又非土生葡人菜，亦非澳门葡国菜，而是以前曾驻守各地的葡萄牙士兵用从东南亚带来的食材，配合葡式做法，再流传至澳门本地的一道菜，原本葡萄牙人和澳门民众在传统上都甚少使用椰丝和黄姜粉做菜。非洲鸡制作工序略显繁复，用洋葱、辣椒、黄姜粉、胡椒、白葡萄酒将鸡肉腌制入味后煎香，放入烤箱烤至六成熟，然后淋上用洋葱、椰丝、椰汁、黄姜粉、辣椒粉等材料炒香的酱汁，烤至熟透，最后撒上椰丝，用火烧一烧，带出些许焦香即可。鸡肉吃起来外皮酥脆，里面的肉却鲜嫩多汁。

非洲鸡

品味坊

地址：澳门半岛友谊大马路星际酒店 16 层

充满葡国风味的特色小吃

五、九如坊葡国餐厅

九如坊葡国餐厅是澳门最有名气的葡国餐厅之一。其行政总厨是原葡萄牙驻澳门总督的御厨，出品可见一斑。餐厅虽地处僻静，慕名者依然纷至沓来。招牌菜烟肉虾卷将烟肉独特的香味与虾的鲜味完美结合，色、香、味样样俱全，搭配着威士忌美酒一起品尝，葡国烹调的独特韵味就在唇齿间缓缓流淌；焗鸭饭的鸭肉丝隐藏在饭里面，香味浓郁；罂粟子腰果麦包软而有弹性；幼龙海鲜汤，鲜香甘甜；特色甜品木糠布丁，也受到美食家蔡澜的极力推荐。

九如坊葡国餐厅

木糠布丁

木糠布丁是一道来自葡萄牙，后传入澳门的甜品。传统的木糠布丁是用奶油作为基本材料，加上其他材料调配味道，混搅、冷冻而成。吃的时候在上面撒上一层玛丽饼屑，而就是因为这一层饼屑看上去十分像木屑，因此得名。因为是冷冻甜品，吃这种布丁有两种方法，一是从冷冻格中取出趁冻吃，口感比较厚实，有点像雪糕，等它在口中慢慢融化才尝到玛丽饼的干香；二是待它稍微融化，吃起来非常顺滑，入口即化，甜而不腻。

木糠布丁

九如坊葡国餐厅
地址：澳门板樟堂巷 3 号乐华花园地下 B 铺（近议事亭前地）

六、大利来猪扒包

澳门猪扒包就是中式炸猪排汉堡。选用上等的猪扒做馅料，加上师傅秘方烹调，特别是糅合了西红柿不腻之口感及西生菜的清甜口味，再

澳门大利来小食外卖店

配上美味的沙拉酱，成为极具澳门风味的猪扒包。大利来的猪扒包分量十足，鲜美爽甜，猪肉味很浓却不油腻，外脆内软，令人回味无穷。大利来猪扒包使用旧式柴炉烘制，猪扒选用肥瘦适中的骨扒（坊间一般是采用净肉扒），配以独家的特殊香料腌制，才下锅油炸。猪扒炸至松化香口，外层配以用炭炉烤制的面包，面包吸收部分油，夹上猪扒，吃起来外脆内软。

澳门大利来小食外卖店

地址：澳门氹仔旧城区告利雅施利华街 35 号地铺

七、安德鲁蛋挞、玛嘉烈蛋挞

澳门安德鲁蛋挞店

在澳门有两家蛋挞店是最著名的，一家叫作“安德鲁蛋挞”，另一家叫作“玛嘉烈蛋挞”。澳门的葡式蛋挞乃当地著名特色小食。将葡式蛋挞成功推广的，是英国人 Andrew Stow，他在葡萄牙吃到里斯本附近城市 Belem 的传统点心 Pasteis de Nata 后，决定在传统食谱的基础上加进自己的创意。于是他于1989年在路环岛开设安德鲁饼店，采用英式糕点的做法，用猪油、面粉、水和蛋创造出广受欢迎的葡式蛋挞。1996年，安德鲁和妻子玛嘉烈婚姻破裂，玛嘉烈离开安德鲁另起炉灶，把原先属于自己名下的店改名“玛嘉烈”，又落户香港和台湾。玛嘉烈葡式蛋挞采用手工制作，精致圆润的挞皮、金黄的蛋液和焦糖比例，都经过专业厨师的道道把关。刚出炉的牛角面包，口感松软香酥，内馅丰厚，奶味蛋香也很浓郁，虽然味道层层袭来，却甜而不腻。

葡式蛋挞

葡式蛋挞在澳门小吃中最为著名，它早已成为澳门美食的代名词。蛋挞底托为香酥的蛋酥层，其上层是松软的蛋黄层，酥软兼备、香甜可口。小小的蛋挞做法绝不简单。每款蛋挞各有特色，如椰汁鲜奶蛋挞，椰汁味与鲜奶味配合得恰到好处；款款蛋挞酥皮松脆，中间部分香滑柔软，口感一流。

葡式蛋挞

安德鲁蛋挞 地址：澳门路环市区戴绅礼街1号地下
玛嘉烈蛋挞 地址：澳门新马路马统领街金利来大厦17B地铺

八、莫义记

莫义记最早只是澳门街边小摊档，于1954年正式开铺，铺名源于主

莫义记

理人父亲的名字“莫义”，早期以售卖传统零食及日常杂货为主，后卖起大菜糕、木糠布丁、生果捞、杨枝甘露、雪糕等澳门特色甜点。其中最有名的便是大菜糕，莫义记坚持使用新鲜的真材实料，因而能保持爽滑而不腻的口感，大菜糕经过不断改良，除了传统原味外，还创造出多款不同口味，有巧克力、芒果、草莓、椰子、蜜瓜等多种选择。另一款招牌产品则是榴莲雪糕，其口感绵滑，入口即化。另外，木糠布丁、杨枝甘露也是不错的选择。

大菜糕

大菜糕是澳门老一辈最爱的甜品，台湾称菜燕或洋菜冻，入口冰凉爽滑，是夏天消暑甜品。大菜糕的口感类似果冻，稍硬实一些，辅以椰奶、巧克力和果汁等来调味，口感丰富。制作大菜糕的原材料为石花菜，亦称洋菜、琼脂，原产于台湾东北部沿海的浅海礁。

大菜糕

每年5—7月为石花菜盛产期，它常附着在靠近海岸的岩石上，生长在海水深度1～1.5米处，因此即使退潮也不见得能直接采得，多需潜水采取。刚采收的石花菜腥味较重，且不能直接食用，必须用清水搓洗后放在太阳下曝晒，重复多次，才能去除杂质、盐分及腥味。等原材料石花菜本身由暗红色变为象牙色后，再以大火煮滚，小火慢熬数小时，将杂质滤过后放凉凝结成胶块状，就成了清凉的大菜糕，可依个人口味添加柠檬汁等调味，即可饮用。莫义记大菜糕不但解暑清热，还可缓解喉咙不适。经多年尝试，莫老板将大菜糕不断改良，令其味道变得更多样化，除爽滑不甜腻的传统味道外，现还有巧克力、椰子以及菠萝等味道可供选择，品种多样。

猫山王榴莲雪糕

莫义记榴莲雪糕选用产自马来西亚的猫山王榴莲，用新鲜果肉制作，榴莲香味十足，口感绵滑，入口即化。

莫义记
地址：澳门氹仔旧城区官也街9号A铺

九、潘荣记

金钱饼

金钱饼源于常州一带，做工繁复，味道经典，清末时期被糕点艺人传入当时的澳门。不同于常州的金钱饼，澳门金钱饼做法简单，少油腻，色、香、味俱全，“未见其饼，先嗅其香”用来形容澳门的传统小吃金钱饼绝不为过。在澳门，金钱饼名声最响的当数位于议事厅前地的“潘荣记”，其出品的金钱饼特别松脆，入口即散开，松化无比；加上制作时只用蛋

潘荣记

黄不用蛋白，所以蛋味特别浓郁，而且不甜不腻。金钱饼分“加蛋”和“减蛋”两种。潘荣记的减蛋金钱饼，采用多面粉、少蛋黄、零蛋清的制作工艺，使得每一块金钱饼的颜色都呈现金黄色，蛋香浓郁，口感酥脆。金钱饼采用牛油、面粉、鸡蛋和糖，混合搓成球后夹入预热好的饼铛。新鲜出炉的金钱饼又香又脆，绝对需要趁热食用。

减蛋金钱饼

潘荣记

地址：澳门半岛卖草地大炮台一街 1 号 B 地下 (仁慈堂)

澳门特色粥面

澳门的粥多以新鲜的小虾、鱼片、葱花、蛋丝、海蜇、花生仁、浮皮、油条屑为原料，煮粥也依照滚粥冲烫粥料的手法。其特点是粥底绵烂，粥味鲜甜，集众多物料之长，爽脆软滑兼备。得益于澳门地处咸淡水交界的天然优势，这里海产丰富，生长的蟹肉质丰美，鲜香诱人，从而成就了澳门的特色小吃——水蟹粥。澳门水蟹粥选用当地的梭子蟹熬制，蟹膏、肉蟹的精华在米粒中得到释放，粥不稠不稀，丰腴的蟹黄、鲜美的蟹肉，使粥充满蟹香，惹得人口水直流。

十、诚昌饭店

水蟹粥

始创于20世纪80年代的党诚昌饭店靠着一碗真材实料的水蟹粥及其美味打开了顾客的味蕾，“俘获”了大批食客，成为如今闻名澳门的“老字号”。黄金水蟹粥是诚昌的饭店招牌主食，采用当日清晨采购的新鲜水蟹。先洗净蟹身，除蟹肺、蟹心、蟹胃，备好用于去腥除寒的姜丝，伴以佐料放入锅中熬制，然后加上膏蟹的蟹膏

水蟹粥

及肉蟹的蟹肉，经过高火熬制数小时，最后熬煮成绵绵粥底。经过几小时的高火熬制，米粥也已从纯白熬至微黄，蟹膏也已被熬成细丝微粒，仿佛融化在了粥中一般。蟹粥呈淡淡金黄色，吃下去嫩滑绵绵，味道既清甜又散发出淡淡蟹膏甘香。为了保存蟹的原汁原味，调味料使用得并不多，反而凸显出蟹粥的鲜甜。粥里面有一只肉蟹，虽然肉蟹个头并不大，但吃下去的每口肉都汁香鲜美。

诚昌饭店

地址：澳门氹仔旧城区官也街28-30号

十一、黄枝记

始创于十月初五街的"黄枝记"，是澳门一家老字号粥面店，其招牌出品手工竹升面名列澳门必吃美食。其创始人黄焕枝于20世纪40年代到广州学习竹升打面技能，50年代迁移到澳门创立黄枝记粥面店。该店自创立以来坚持用传统的竹升打面法，其面的好滋味成为澳门民众的绝佳记忆。所谓竹升打面，就是打面师傅坐在粗粗的竹杖上，反复压打2小

黄枝记

时，使面团具韧性，并加入全蛋，使面条状如细丝。入口时蛋香四溢，配上汤汁十分入味。以云吞面闻名的澳门黄枝记粥面，鲜虾云吞面为镇店之宝。云吞面皮薄嫩滑，云吞个头虽不大，却包入一整只肥美的虾，锁住整只虾的精华，用料十足，搭配鲜美汤头和手工打面，让人一口气吃完还想吃。

虾籽捞面

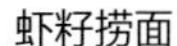

虾籽捞面

备受欢迎的虾籽捞面，吃起来面条筋道，最是美味。炒至深褐色的特制虾卵和辛香料洒在干面上，干香无比。吃的时候把面放进汤里拌一拌再捞起来吃，品尝起来海味浓厚，又混合着面的蛋香，让人欲罢不能。

黄枝记（十月初五街店）

地址：澳门半岛花王堂区沙栏仔街与十月初五日街 51 号

澳门米其林餐厅

十二、誉珑轩

誉珑轩位于澳门最重要的美食城新濠天地，这是个绝不会让人失望的美食地标。誉珑轩设置有烹饪酒吧，供应口感丝滑的糕点和烹制完美的点心。誉珑轩的名厨 Tam Kwok Fung，采用现代的烹饪方式来制作传统粤菜。据说餐厅的肉类大部分是进口自澳大利亚及荷兰注册的有机农场，而各种海鲜则来自法国、日本及中国南海。誉珑轩既然在赌场酒店内，誉珑轩装修风格自然是奢华风，但又不至于太艳俗。

蜜汁西班牙黑豚梅头叉烧

誉珑轩的叉烧选用了制作西班牙风干火腿所用的西班牙黑毛猪，蜜汁也是选用优质天然蜂蜜，在传统明炉以荔枝木烧制。黑毛猪的梅头肉，肉质细腻，间隙有脂肪，不会太瘦不甘香，也不会过于肥腻吃了难受。叉烧调味一流，入口软弹，有肉香肉汁和伴着油脂慢慢渗出的甘香，余韵恰到好处。蜜汁刷得好，没有过分的甜腻，鲜嫩多汁，每一块叉烧肥瘦的比例无可挑剔。

蜜汁西班牙黑豚梅头叉烧

黑鱼子脆皮乳猪件

底层是烤过的奶油方包，叠上一块乳猪片，最上面点缀着鱼子酱。

可以分开吃，品尝各自的味道，但最好还是一口咬下，首先是奶油方包的香酥，接着是乳猪充满油脂的酥化，再加上鱼子酱的浓郁咸鲜，三种口感与味道混合在一起，让本来就美味的乳猪更加好吃，给你的舌尖带来丰富的体验。

黑鱼子脆皮乳猪件

誉珑轩
地址：澳门新濠天地新濠大道购物中心 2 层

十三、8 餐厅（The Eight）

奢华气派的“8 餐厅”位于新葡京酒店，是澳门唯一荣获米其林三星称号的中餐厅，为客人送上经典美味的广东菜。餐厅主打精致点心、新

8 餐厅

派广东菜及淮扬菜，主厨擅长把各地的新鲜食材进行混搭，口味十分独特，中午还会推出40多款创意点心。这里的环境以红色调为主，随处可见中国元素的装饰，颇具韵味，服务专业细致，令人无可挑剔。餐厅以精致的创意点心和以现代烹饪手法制作的经典粤菜闻名于世，菜式融合广东及淮扬风味，厨师团队更将部分美食加以创新。招牌推荐菜式有姜米酒蒸鲜蟹钳、广东式炒龙虾等，均在食客间获得良好口碑。

广东式炒龙虾

广东式炒龙虾

与一般西式龙虾做法不同，采用的是广式炒法，用猪肉碎、豆角碎、鸡蛋和XO酱一起炒龙虾肉，非常鲜美。

姜米酒蒸鲜蟹钳

这道菜上来时满室弥漫着姜米酒的淡淡清香，用姜米酒来蒸蛋白，味道更独特。蛋白蒸得刚好，口感嫩滑，新鲜蟹钳又熟得恰到好处，舌头游走在滑溜和鲜味之间。

罗汉布袋

这是一道超考验大厨刀功的菜式，是一道手工菜。小小的罗汉布袋，竟然是用日本玉子豆腐做成的，令人十分意外。在嫩嫩的玉子豆腐内酿入素菜馅料，再以蔬菜条封口，整道菜称得上是完美无缺。

8餐厅(The Eight)

地址：澳门南湾葡京路新葡京酒店2层

十四、紫逸轩

紫逸轩拥有舒适典雅的环境，提供经典粤菜和创意点心，是澳门备受赞誉的中餐馆之一。紫逸轩以多种精选食材、时鲜海产和传统菜式精心烹调成一系列精妙绝伦的佳肴。紫逸轩精选应季食材精心烹饪，佐以精选中国名茶；时鲜海产和传统菜肴精心组合，让人一试难忘。这里也有许多别处难见的正统老粤菜的菜式，不仅仅能让人品尝到正宗的粤菜口味，更能体会到传统烹饪技艺在菜品中的传承。紫逸轩精选食材，精心烹调而成的佳肴，可满足食客挑剔的味蕾。

鲍鱼鸡粒酥

做法是先做好底层的酥挞，放上鸡粒焗一次后，再加上鲍鱼焗一次，然后表面涂上鲍鱼汁。这使得成品的鲍鱼柔软入味的同时，又能使藏在鲍鱼下面的鸡粒丰富味觉的层次。

鲍鱼鸡粒酥

紫逸轩

地址：澳门北安区望德圣母湾大马路四季酒店大堂

PART 4

佛山特色美食

特色美食

一、得心斋

得心斋创建于清乾隆年间，原名和记猪肉店。传说当年有位巡抚大人到佛山视察时命差役弄些饭菜作消夜。差役拍开和记猪肉店的门，买了酝扎猪蹄回去，巡抚食后赞不绝口，誉为“得心应手”。此后，和记猪肉店的主人余浩忠便将店名更改为得心斋，得心斋酝扎猪蹄的名声也因此不胫而走。不少达官贵人、仕子商贾为求升官发财、仕途顺利，都会到得心斋买“得心应手”回家，寓意来日来年做事得心应手、心想事成。经过数百年的发展，酝扎猪蹄不仅深受佛山人青睐，还驰名粤港澳多地，以及东南亚各国，不少游客亦专程来品尝得心斋的酝扎猪蹄。猪蹄蘸上酱油或醋品尝，味道更加浓郁鲜美。此外得心斋招牌菜“得心一品斋”，原为道家、佛家烹饪的以三菇六耳、瓜果蔬菜及豆制品为主

得心斋

的素食菜肴，又称“寺庙菜”或“素菜”，吃起来清淡爽口，别具一格。

酝扎猪蹄

酝扎猪蹄

据说，佛山酝扎猪蹄已有300年历史，所谓“酝”，即用慢火浸煮。佛山酝扎猪蹄有两种形式，一种是用整只猪蹄酝制而成，叫酝蹄；另一种是将猪蹄开皮去骨，再用肥瘦肉裹挟，用水草捆扎酝制，叫扎蹄。得心斋的酝扎猪蹄选用品质新鲜、大小均匀、外皮嫩滑的猪蹄，精选肥而不腻的猪颈肉和不带筋骨的精瘦肉各半作为原料。将猪蹄刮洗干净，开皮去骨，把瘦肉、肥肉裁切成条状薄片，分别用不同的调味料和腌制工艺腌制入味，然后加入糖、酱油等调味料和肉一起搅拌入味。腌制入味的肥瘦肉片相间夹好，置于提前开皮去骨后的猪蹄内，用水草将猪蹄捆扎成形备用。最后将捆扎成形的猪蹄放入窖中，加入得心斋自制的卤水慢火酝制即可。得心斋的酝蹄清淡爽口，醒胃而不腻；扎蹄皮脆肉香，鲜甘可口，吃罢齿缝留香。酝扎猪蹄食用方便，无须烹蒸，买回家即可食用，所以流传百年仍远近驰名。酝扎猪蹄吃时切成薄片，外圈的猪皮色泽金黄，内圈的肉红白相间，轻轻蘸取调料后放入口中，猪皮爽脆，嚼起来微微带有弹性，咸香可口。

得心斋

地址：佛山市禅城区文华北路大围街16号

二、荣华酒店·江畔湾美食城

开业于1992年的荣华酒店，在佛山九江可谓无人不晓，这里有着九江正宗古法捞鱼生，令无数食客“食过翻寻味”。2016年，荣华酒店凭借着招牌菜式“风生水起”，成为“2016年九江镇饭香刀厨王争霸赛”的获奖单位。推荐菜式“全鱼宴”是南海著名宴席，十菜一羹，分别是风生水起、八宝鱼蓉羹、金华麒麟鱼、白玉桂花卷、寒衣织锦绣、清蒸海上鲜、西江赏夜月、砂锅鱼头煲、碧绿藏珍品等。一桌鱼香百味鲜，全鱼宴以鱼的各个部位为材料，煎、炒、焖、焗、汤羹、油炸、凉拌，手法多样，刀工巧妙，火候恰当。独家秘制美味菜式霸王自制豆腐，表面金黄，拌上酱汁上碟，轻咬一口，外焦里嫩，满口浓香。

江畔湾美食城

古法捞鱼生

九江鱼生以拌（粤语称为“捞”）的形式食用，故又称“捞鱼生”（拌鱼生）。现在的制法可追溯至清末，通常以海鲩为食材，买回来后养1个月，其间不喂食，让鱼体内的废物排出，并减掉多余脂肪。然后杀鱼、放血、开膛，之后不能冷藏，要现做现吃。上桌时在鱼生的表面放上柠檬叶丝，吃时鱼生会有一股清香。捞鱼生的配料可多至19种，包括炸米粉丝、炸芋丝、炸麻花、京葱白、姜丝、萝卜丝、尖椒丝、指天椒、榄角碎、酸藠头、生蒜片、花生、芝麻、白砂糖、白醋、花生油、盐、胡椒粉等。按顺序、

古法捞鱼生

按比例放入鱼肉以外的配料，双手各持一双筷子，先把油、盐、胡椒粉拌一下，然后把葱、芝麻等配料倒下去再拌几下，再放油、盐、胡椒粉拌几下，最后下炸米粉丝、炸芋丝、炸麻花等脆口配料，用筷子不断搅匀，其间淋几轮花生油，如俗语讲“捞到风生水起”。进食时用筷子把拌匀的鱼肉和配料一同夹进口中。鱼肉质精瘦、清甜且无泥味，鱼片白如雪花。

江畔湾美食城

地址：佛山市南海区九江镇江滨三街15号

三、北院（原名：三品楼）

三品楼始创于清光绪年间，由于时代的变迁和众多原因，店址几经变动，更是在1999年宣布停业，而近20年以来，三品楼以全新的面貌重新出现在众人的视野里。店内装修宽敞明亮，具有浓烈的岭南气息，三品楼一直坚持着“做最好的粤式点心”，大大小小、新新旧旧的过百款早茶点心，引得这里每天早上都人流如潮。三品楼，现已更名为“北院”。

北院

柱侯鸡

三品楼招牌菜的第一品是由三品楼厨师梁柱侯创制的“柱侯鸡”，至今已有100多年历史。柱侯鸡选料上乘，精选农场直供的生长超过150天的走地鸡，然后用柱侯酱进行长时间、多次的浸泡，再用瓦煲慢慢煨熟，吸收足够的酱汁。吃起来香嫩多汁，口味新鲜浓郁，鲜甜的滋味溢满口腔。

柱侯鸡

一品乳鸽

三品楼招牌菜的第二品，选用0.3～0.35千克的乳鸽，用秘制酱汁烤制，吃起来区别于一般的红烧味，有一股奇特的玫瑰香味。汁多肉嫩，皮脆肉香，令人欲罢不能。

一品乳鸽

松子鱼

三品楼招牌菜的第三品，因其鱼肉状如松子，故而命名。其特点是外形美观、高雅大方、酥脆甘香、微酸微甜、醒胃可口，广受欢迎。

北院
地址：佛山市禅城区文华北路文华里美食城

四、大板桥农庄

传统菜式“均安蒸猪”历史悠久，始创于1855年。清同治年间，李耀苏的曾祖父李学宗开始在乡村的年例乡宴中主持制作蒸猪菜式，传承至今已有百年，“大板桥农庄”在2006年开业，以“均安蒸猪”为招牌菜式。蒸猪吃起来清香爽口、肥而不腻，芝麻增加口感及香味，回味悠长，肉味浓郁。另外还有其他推荐菜式，如烧猪油浸肠头、芋汁水瓜蚬肉、鱼饼拼辣椒、泥焗鸡、拆鱼羹、豉味原条豆角、允子蒸鲮鱼等。泥焗鸡皮脆黄、肉嫩滑，香气阵阵飘出，肉味鲜美独特；特色拆鱼羹，将鱼骨剔出，反复挑刺，鱼肉拆成小块，放入胜瓜丝、腐竹丝、木耳丝等，吃起来鲜甜不腥，口感绵滑。

大板桥农庄

均安蒸猪

均安蒸猪源于古时春秋二祭“太公分猪肉”的习俗。据史料载，各地春秋二祭“多有烧猪作牺牲分胙肉，而江尾（即今均安镇）则用蒸猪”。这说的是每位男丁在重大节日到祠堂领一份胙肉（祭祀时供神的肉），均安江尾一带分派烧肉，也有分派蒸猪肉。太公分猪肉已成为历史，但均安蒸猪则作为顺德的一道传统美食流传至今。均安蒸猪选用55～60千克的毛猪进行制作，步骤繁多，从清洗到蒸制有十几道工序。猪肉要以钢针来回“按摩”，过水放油，吃起来才会肥而不腻，经过5～6小时的蒸制后，切成差不多的厚度，撒上芝麻，香料与蒸猪本身的香味混合，令人垂涎欲滴。美食家蔡澜曾到均安品尝蒸猪，并将此美食带到TVB的美食节目《蔡澜叹世界》播出，还挥笔写就了《蒸大猪》一文。2012年，均安蒸猪荣登央视纪录片《舌尖上的中国》，掀起了一股美食热潮，均安蒸猪也因此声名远播。2013年，均安蒸猪被“中国饭店全球论坛”评为中国名菜。2014年，均安蒸猪获“佛山名菜”美誉。如今，均安蒸猪技艺已被列入均安镇“非物质文化遗产”的名录中。

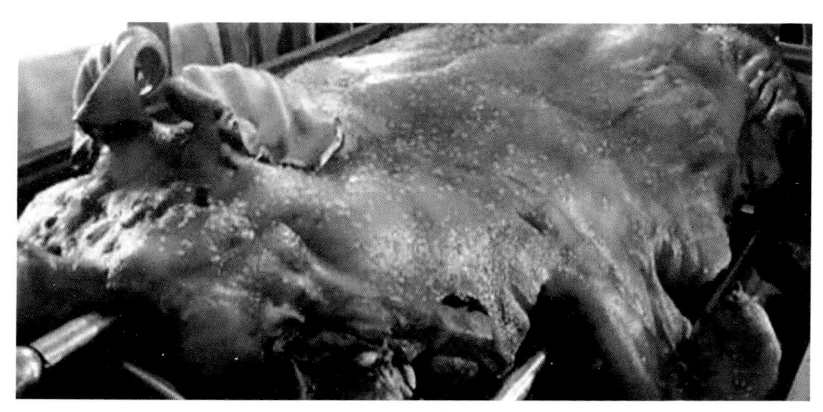

均安蒸猪

大板桥农庄

地址：佛山市顺德区均安镇南浦大板桥（均荷路六峰社区民警中队对面）

五、松涛山庄酒店

松涛山庄酒店成立于1994年，最初就如广州、佛山两地的很多酒楼一样，只是一家小小的餐馆，现在酒楼开始供应各种地道的里水传统名菜，专注于传统的烹饪手法，并加以创新。很多菜品都会有传统农家的味道，比如禾虫、酿鲮鱼等。

霸王鸭

霸王鸭原名莲王鸭，又称为凤凰鸭。相传清光绪年间，大臣李鸿章的母亲八十寿辰，他召集大批南北名厨为其母摆寿宴，名厨每人煮一道菜来显身手。当里水一位厨师做的这味莲王鸭上席后，大家称赞不绝，一时雄霸全席，甚至慈禧太后尝过后也不思其他美食了，后来人们称莲王鸭为霸王鸭。此菜选择大小适中、约1.65千克的鸭，去毛、剔骨，只留头、外皮和肉，以增大空间填充食材。将绿豆、栗子、百合、莲子、火腿等12种新鲜农家材料填充进鸭肚里，再将鸭子放进油温大概为70～80℃的油锅里炸后捞出。在整只鸭周围添加果皮、香料，加水后放入蒸柜，蒸3～6小时后，霸王鸭就可以上桌了。尝一口，鸭肉软嫩幼滑，而绿豆、栗子、莲子等配料既透有鸭肉的醇香，又带着自身特有的淡淡

霸王鸭

香气，两者相得益彰。霸王鸭既能够征服人们的味蕾，也轻松地征服了人们的嗅觉，所以这“霸王”一词，用得颇为贴切。

松涛山庄酒店
地址：佛山市南海区里水镇里水大道中 70 号

六、南记海鲜饭店

南记海鲜饭店已经在顺德扎根了 19 年，除了菜品好之外，人性化的服务、贴心的用餐体验也俘获了不少食客的心。饭店一直以新鲜的海鲜食材、美味的菜品闻名于顺德甚至珠江三角洲地区。

南记海鲜饭店

大良炒牛奶

大良炒牛奶最早出现于佛山市顺德区大良镇，是顺德大良的传统名菜之一，距今已有 70 多年的历史，其创始人龙华师傅是 20 世纪三四十年代顺德厨界“四大怪杰”之一。据南记海鲜饭店的大厨介绍，炒牛奶有 2 个小秘诀：一是不能用普通的牛奶，要用质优脂重的水牛奶，而且

大良炒牛奶

不能掺水，这是因为水牛奶脂肪含量高达9%，而普通的牛奶脂肪含量则只有2%，脂肪含量低的牛奶炒出来就容易出水，奶味也不明显；二是制作时要注意火候，过火，则奶容易焦老，不好吃。炒牛奶是将新鲜水牛奶和鸡蛋清混合，加入鸡肝、虾仁、火腿粒以及盐、味精等调料，用上等花生油炒制而成，上碟再撒上炸榄仁。菜摊在盘中，状如小山，色泽白嫩如雪，牛奶味香浓，口感软滑，老少咸宜。

南记海鲜饭店
地址：佛山市顺德区大良广源路6号

七、大门公饭店

大门公饭店是典型的顺德岭南风格饭店，开业不久就凭借出色的菜色和休闲舒适的环境获得大众的一致好评，食客众多，最好提前预订位置。这里的菜色多样，且别出心裁。例如“功夫汤”就有别于普通的老火汤，汤底浓而鲜，用功夫茶的技术且利用紫砂壶保持温度，时时刻刻都能保持汤的鲜味。功夫汤每天只有50份，而且每天的汤都不一样。店中还有炸牛奶拼韭菜酥、蒸三鲜、凉拌鱼皮、盐焗狮子鹅头、花雕蒸大闸蟹、香芒鸡中翼等，样样出色，不胜枚举！

大良野鸡卷

此菜是由20世纪20年代大良宜春园酒家董程师傅创制的。传说董程师傅有一道拿手菜式叫“雪耳鸡皮”，是用肥嫩鸡肉连皮烹制的，皮爽肉滑，深受食客喜爱，但他觉得把制作该菜剩下的碎鸡皮和碎鸡胸肉都扔掉非常浪费，便尝试用肥猪肉把这些鸡肉卷起来油炸成菜，唤作“炸鸡卷”。但“炸鸡卷”所需的鸡肉碎却因需求太大而无法正常供应，经过多次尝试，董程师傅以瘦猪肉来代替鸡肉碎，还将做法作了改良，食客反应更佳。由于此菜并不是以真正的鸡肉制作，故董程师傅将其命名为“野鸡卷”，特点是甘脆酥化、焦香味美、肥而不腻、宜酒宜茶。

大良野鸡卷

大门公饭店

地址：佛山市顺德区大门居委会大门田心村11-2号

八、标记好食

这里的装修十分简单，一桌一椅都经历了10多年的岁月洗礼，很有历史年代感。但这里的菜品极具特色，专门烹调“刁钻”的特色美味，可以说烹的是“刁钻菜”，调的是传统味。

标记好食

卜卜黄沙蚬

卜卜黄沙蚬

这道菜，光是配料就有6小碟：沙茶酱、糖、海鲜酱、蒜蓉、辣椒圈……分量良心。每盘蚬都是在客人面前现场制作炒熟，整个过程让人看得津津有味，飘出来的香味更是让人欲罢不能。特别的秘制酱汁，更好地带出沙蚬的鲜甜美味，好吃得停不下来。

盆菜

盆菜

北滘的盆菜有别于其他地方，并非全部食材都做好再铺排在一个锅里上菜，而是由客人点菜将其组合，需要一份份蒸熟后，再将菜放入已经配有底菜的盆内，再添上一份店家的秘制酱进行调味。食材可以点这里的各款“刁钻”菜，如鱼头根、塘鲺、田鸡扣、鲮鱼肠、牛骨髓、鲮鱼鳔……奇形怪状的食物融于一锅摆在客人面前慢慢蒸、慢慢吃，越蒸越香，无一不在刺激着你的视觉和味觉。

标记好食

地址：佛山市顺德区北滘居委工业区河堤大道（近牌坊）

特色粥粉面

九、大可以

禅城第一家大可以，建于1932年，距今已有88年。取名大可以，寓意店内的食品样样都可以。大可以也是很多佛山人的童年回忆，无论是拉肠、小炒、包点，还是粥水，都是佛山人从小吃到大的佛山味道。店里的菜品多样，粥粉面饭、糕点甜品，应有尽有。住在附近的老街坊们习惯了经过大可以时买上几块千层糕，或者几根油条，第二天的早餐就有了着落。

油炸鬼

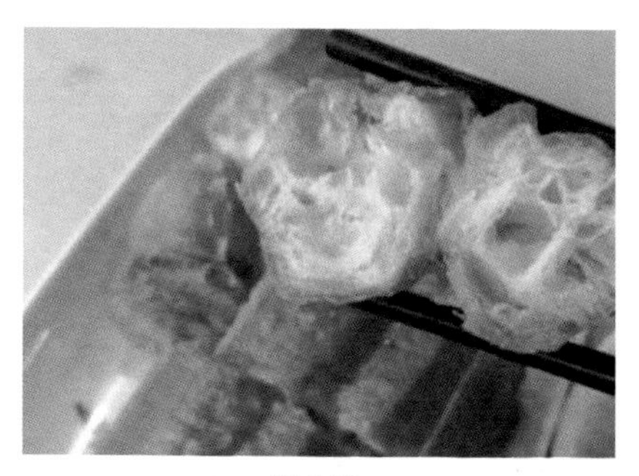

油炸鬼

大可以油条俗称“油炸鬼”，入口香酥，香脆又松软，咬在嘴里十分美味。与之搭配的状元及第粥（也叫“状元粥”），近百年来，状元粥的用料配方和烹煮技术都有独门秘籍，所以时日虽久，但状元粥仍能保持原汁原味，无人能仿，更无人能及。油炸鬼和状元粥在2000年获“中华名小吃”称号后，又连续荣获2002年广东“十大名小吃”和2003年佛山“十大风味小吃”的荣誉。油炸鬼讲究“棺材头，丝瓜络”：油条的“头部”，要方方正正；而内部的组织则要呈丝瓜络状。所以制作的过程中一定要注意面粉的厚度、长度以及炸的火候、时间。油炸鬼外表色泽金黄，吃起来外脆内香。

状元及第粥

状元及第粥

状元及第粥讲究粥底熬制的时间、大米的选择、调味料的投放。粥料选择的是新鲜的粉肠、猪腰、猪肝和用鲜肉制好的肉球。尝一口大可以的状元及第粥，里面的肉香滑入味。而粥也是绵白绵白的，一如既往的料多、味好。

大可以
地址：佛山市禅城区祖庙路 20 号

十、黄但记、黄均记陈村粉

陈村粉有近百年历史，约在清末，顺德陈村人黄但创制出一种以薄、爽、滑、软为特色的米粉，当地人称之为“粉旦（但）”。后来，陈村

黄但记陈村粉店

人将粉送到外地，外地人称之为“陈村粉”。由于制作精细，陈村粉产量不高，一天只能产几百斤，因而显得格外“矜贵”。

为了确保陈村粉的正宗风味，第二代传人黄铨辉和黄志均两兄弟均恪守“寄赖糕香合客喉，但求粉滑宜君口”的祖训，坚持传统制法，坚守家传工艺，分别经营着“黄但记”陈村粉店和“黄均记”陈村粉店。如今“黄但记”已经由黄铨辉的儿子黄汉标作为第三代传人接手经营，“黄均记”陈村粉店也由黄志均的儿子黄柏恒作为第三代传人经营，并在大良开了分店。

咖喱蟹陈村粉

作为一道佛山名菜，东南亚风味的咖喱蟹经过悉心改良。辣、甜、咸和香味相融合的鲜活咖喱汁，再配上肥美蟹肉和爽口清透的陈村粉，美味的混搭别有风味！陈村粉是整道菜的灵魂所在，由黄但记自家制作。精选上好的大米，将本地井水倒入石磨研磨20圈，再经过十几道工序，这样制成的陈村粉才有“薄、爽、滑、软”的特点。“薄如蝉翼、洁白如雪”的陈村粉广受食客钟爱，据介绍，

咖喱蟹陈村粉

店面一天最多能够卖出上百斤陈村粉。咖喱蟹配上厚度保持在0.5～0.7毫米、宽度精细到0.8厘米的陈村粉，再加上咖喱汁，满口甘香，入口难忘。作为陈村粉的创制者，黄但记90多年来一直不忘为陈村粉这道传统美食注入新的元素。这道咖喱蟹就不按常理出牌，与陈村粉来了一场混搭。

黄但记陈村粉店　地址：佛山市顺德区陈村镇景明路1号锦龙商业楼
黄均记陈村粉店　地址：佛山市顺德区陈村镇旧圩桥南路1-2号铺

十一、应记云吞

据说，1936 年的某一天，佛山一应姓人家用超凡的手艺做成了应记的第一碗云吞面。从那以后，应记云吞就在佛山的大街小巷迷倒了一代又一代佛山人。如今应记在佛山已有 14 家店面，人们在街头巷尾都能闻到应记云吞的香味。应记云吞有皇牌鲜虾云吞面和普通云吞面两种。前者皮薄肉厚，一粒粒鲜红的虾肉在皮下隐约可见，其味脆口清甜。辨别云吞面正宗与否有一招：看是否有韭黄。云吞皮的制作方法与竹升面基本相同，而广式云吞皮是由广东省地方传统面食——竹升面，用传统的方法，搓面、和面，并用竹升（大茅竹竿）压打出来的。

云吞

皇牌鲜虾云吞面

应记云吞的出名在于其云吞皮薄肉厚，鲜虾肉滑清甜，面条沿用传统方法巧制，韧性均匀、粗细适中、入口爽滑、蛋香浓郁。应记的“皇牌鲜虾云吞面”获得 2000 年“中华名小吃”和 2003 年佛山“十大风味小吃”的荣誉。普通的一碗捞面加入猪油调味，更激发了食客的食欲。

皇牌鲜虾云吞面

应记云吞

地址：佛山市禅城区人民路 52 号

十二、北香园

北香园前身就是20世纪50年代坐落于佛山市升平路、专营京津包饺的“北味村”。尽管饺子是佛山最成功的北方面食，但北香园创业初期，点心师傅没少下功夫。通过不断摸索制作方法，结合南方饺子的特色和南方人的口味习惯，才制作出如今的饺子。2002年8月，经广东省烹饪协会考评，北香园的饺子被认定为“广东名小吃”；2003年4月被评为佛山市“十大风味小吃”；2003年12月被中国烹饪协会认定为“中华名小吃”。

北香园饺子馆

饺子

饺子皮薄馅足，佐以辣酱或陈醋，一口咬下，浓郁的韭菜味充满味蕾，猪肉汤水丰盈溢出，体现浓浓的佛山情怀。对北香园，多数人的印象是“大件夹抵食”。北香园最著名的是招牌韭菜煎饺，其主要原料有猪上肉、韭菜、生油、香料、味料，优质的食材配上“煎”这一最能凸显韭菜饺香气的烹饪方法，使得端上

饺子

桌的韭菜煎饺隔老远就能闻到韭菜和油煎的香气。饺子个大、皮薄馅多，吹弹可破的饺子薄皮包裹着多汁鲜美的肉馅、青翠葱茏的韭菜，若隐若现，薄皮微微的焦味和韭菜香完美融合。亦有创新新品紫苏煎饺、清淡首选的香芋煎饺等美味，不可错过。

北香园

地址：佛山市禅城区锦华路 35 号

十三、欢姐伦教糕

欢姐伦教糕历经四代，传承百年，名气日盛。伦教糕渐渐也有了“岭南第一糕”的称号，属于非物质文化遗产。欢姐店里的伦教糕中间有很多孔洞，吃的时候很有韧性，晶莹剔透、清甜微酸，全部由清泉水加米浆发酵而成，除了室温切片吃之外，还可以煎蛋食用。现在的“欢姐糕点”不是一个早餐铺，而变成了糕点厂，除了伦教糕外，还有一些点心、粽子作为伴手礼在出售。

欢姐伦教糕店

伦教糕

顺德伦教圩有一间专营白粥、糕点的小店，由店主梁礼成与妻子一起经营，生意非常旺。清咸丰五年（1855）的一天凌晨，在伦教华丰圩桥旁经营糕点生意的梁礼成正准备如往常蒸煮糕点，好在早上出售，但由于与妻子因生意问题发生争吵，一气之下没有蒸煮糕点。为不浪费昨天的米浆，梁礼成就将剩下的米浆加入新米浆和白糖一起制作松糕。后双方赌气都没有去寻找干柴、禾秆和甘蔗壳，致使柴火不足，蒸松糕失败，糕体未能如常膨胀，成了“板结糕块”。因不舍浪费，梁礼成低价出售此糕，并自嘲曰“新产品，益街坊”。街坊们尝后觉此新产品入口清爽软滑不黏牙，比吃惯了的松糕更可口，第二天纷纷要买“新产品”。梁礼成只好回忆当时制作情况，将其剩下的米浆留到第二天再加入新米浆、红糖制作，反复试制，终成。新产品面世，猪膏面、三纹眼，口感爽滑、清甜，堪称一流，传遍乡里，士大夫亦不远千里而求之，皆谓“到伦教买糕”。

伦教糕

“糕以地取名，地以糕传名”，后因产地而起名，曰“伦教糕”，当时的伦教亦被文人墨客美名曰“糕村”。

欢姐伦教糕店

地址：佛山市顺德区伦教北海大道北 50 号

特色手信

十四、合记盲公饼

盲公饼是由一位盲人创制，因而得名盲公饼。它创制于清嘉庆年间（1796—1820）。这位盲人名叫何声朝，8 岁时由于家贫患病，无钱医治，而致双目失明。他 10 岁开始学习卜易，学成后，就在本市教善坊口开设“乾乾堂”卦命馆，小儿子豫斋则在馆侍奉父亲。由于问卜者多携带小孩，小孩爱喧闹啼哭，影响工作，豫斋于是想出一个方法：用饭焦（锅巴）干磨成米粉，加上芝麻、花生，用生油和匀，制成米饼，称为“肉饼”（现盲公饼饼印仍旧有肉饼二字）。这样既可卖给问卜的人，令他们的小孩不再吵闹，又可以多赚一些钱以补助家计。由于肉饼制作别出心裁、甘香美味、价钱便宜，购买的人逐日增多。辗转相传下去，向盲公买饼的人们都称肉饼为“盲公饼”，盲公饼遂由此而得名，直到 1952 年才正式定商标为盲公饼。当时最具代表性的是合记盲公饼，日产量可达两万多斤，多销往东莞、石龙一带，省内及港澳来佛山的旅客。

盲公饼

盲公饼是用糯米配以食糖、花生、芝麻、猪肉、生油等上乘原料巧制而成。饼内所夹的猪肉，制法更为美妙精巧，用幼细白糖腌藏数月（最少数天），再取出配制而成。盲公饼吃起来甘美酥脆，美味可口，享誉中外。几百年来，盲公饼的制

盲公饼

法古朴，以瓦盆盛料焙制，生产效率极低；直至1955年公私合营后，才改用案板制，站着生产。由于操作方法得到改善，生产效率大大提高。现在产品规格有大、小两种，大的每筒6个，小的每筒10个。

合记盲公饼

地址：佛山市禅城区市东上路67号

十五、民信老铺、仁信老铺

大良双皮奶相传是在清代创制。据说清朝末期，大良水牛奶极受欢迎，水牛养殖业一直十分繁荣。大良附近多土阜山丘，水草茂盛，所养的本地水牛产奶虽少，但质量高、水分含量少、油脂含量大、特别香浓。20世纪30年代，董孝华在大良近郊白石村以养水牛、挤牛奶、做牛乳为业，清朝时没有冰箱，董孝华常为保存牛奶绞尽脑汁。有一次，董孝华试着将牛奶煮沸后保存，却意外地发现牛奶冷却后表面会结成一层薄衣，尝一口，居然无比软滑甘香。从此董家的人都迷上了这种多了一层“皮”

民信老铺

的牛奶，一试再试，制成了最初的双皮奶。

仁信双皮奶的创始人董洁文为董孝华的大女儿。1952 年，董洁文尝试将自家的杂货铺改成专卖双皮奶、牛乳等的甜品店，在华盖路开设“仁信”。大良双皮奶作为顺德人最喜爱的甜品，无论是民信双皮奶还是仁信双皮奶，其产品与经营方式都在一代代传承、改良。

仁信双皮奶

仁信双皮奶清甜嫩滑，奶香浓郁，向来被誉为甜食中的上品。制作时先将新鲜水牛奶炖滚，每个小碗注入少许，待放凉凝固成奶皮后，用细竹签轻轻挑起倒出剩余奶液，然后将鲜奶加蛋白、砂糖拌匀，滤去杂质，分别注入小碗中，使奶皮覆盖其上，隔水蒸 15 分钟即成。

仁信双皮奶

仁信老铺（东乐路店）地址：佛山市顺德区大良东乐路 3 号德富大厦 25 号铺（东苑路口）
民信老铺（华盖路店）地址：佛山市顺德区大良华盖路 119 号

十六、邹广珍“珍记”九江煎堆屋

“煎堆碌碌，金银满屋”，寓意富贵吉祥的煎堆作为过年必备小吃，早在唐朝已非常盛行。到了清光绪末年，九江人邹便南觉得又硬又圆的煎堆难以入口，就把煎堆的圆球状改为扁圆状，同时通过改良配方工艺，令煎堆更加香酥可口。改良后的煎堆大受欢迎，邹便南便开设了一间名为邹广珍“珍记”的九江煎堆店，九江煎堆开始在民间普及。1986 年，珍记九江煎堆就被编入《中国土特名产辞典》；2011 年，珍记九江煎堆

邹广珍“珍记”九江煎堆屋

作为传统手工技艺被纳入佛山市、南海区两级《非物质文化遗产名录》；2015年，珍记九江煎堆作为传统手工技艺被纳入第六批省级《非物质文化遗产名录》。

九江煎堆

“珍记”做出来的九江煎堆之所以特别香，馅料是关键。爆谷、花生仁、黄糖的选料都非常严格，尤其是花生，选用的都是颗粒饱满的花生仁，绝不因价格迁就品质，这才造就了今时今日的口碑。煎堆色泽金黄，表皮薄脆清香而又柔软粘连，馅香甜可口。全国唯一一种扁圆状的煎堆就是广东佛山南海的九江煎堆。

九江煎堆

邹广珍“珍记”九江煎堆屋

地址：佛山市南海区九江镇新龙龙涌

十七、天园饼家

相传西樵大饼已经有500多年的历史,也就是说从明代已经开始制作。《西樵山志》记载，明朝弘治年间，方献夫（广东南海人）任吏部尚书。某日他要赶朝，却不见仆人备送早点，情急之下见厨房灶台上有一团揉好的面团，便叫厨子加上鸡蛋揉匀，将其烤制成大饼，食之不仅松软可口，还酥香四溢。明嘉靖十三年（1534），方献夫辞官后重登西樵山，将制饼方法传授给山民。西樵山上有好泉水，制出的西樵大饼更可口。西樵大饼含糖，寓意甜甜蜜蜜；同时西樵大饼因其颜色、形状跟一轮圆月相近，寓意花好月圆、团团圆圆。

方献夫爱吃西樵大饼，他的学生自然效仿，一时间大饼需求量激增。西樵人陈潮，将父亲传下的小店扩充成规模较大的杂货铺，挂出了“大元号”的招牌。后来，大元号在此基础上打出了“天园饼家”的新招牌，很快就闯出了名气。因此，西樵人嫁娶、探亲和过年过节，都以此作礼品送人。这不仅成为南海及珠江三角洲地区饮食文化中不可或缺的食品，也成为西樵镇旅游饮食文化的标志性符号。

西樵大饼

西樵大饼是广东省佛山市传统小吃之一，最早出品于官山圩的天园饼家，其特点是松软、香甜，入口即化。因其用西樵山清泉制成，所以被称为西樵大饼。西樵大饼名不虚传，外形圆大，大者有1千克，一般也有重0.25千克和0.05千克左右的小饼。它的颜色白中微黄，不起焦，入口松软，清香甜滑，食后不觉干燥，可与鸡蛋糕媲美。

西樵大饼

天园饼家

地址：佛山市南海区西樵镇联新九队开发区樵北路旁

PART 5

深圳、东莞、惠州特色美食

深圳美食

一、国贸旋转餐厅

国贸旋转餐厅于1986年开业，又称“旋宫”，是全国最高的中餐厅，曾被国务院列为“中华之最——全国最高层旋转餐厅”。旋宫位于国贸大厦49层，高160米，餐厅旋转，厅内格调高雅、富丽堂皇，位居世界十大旋转餐厅之列。至今已接待过600多位中外国家领导人。

旋宫是国内外来宾必到之地，餐厅主营粤港菜肴。来宾在享受美味的同时，可远眺香港英姿、近览深圳新貌，绝对是视觉和味蕾的双重享受。旋宫60分钟转一圈，寓意吉祥如意、时来运转。

特色茶点

国贸旋转餐厅特色自助早茶和下午茶是不可错过的美味，泰式榴莲酥、焦糖蜂巢糕、时菜牛肉球、顺德双皮奶、旋宫虾饺皇、旋宫蒸烧卖、粤式炸春卷、柱候金钱肚等精致广式点心应有尽有。弹牙饱满的虾饺、绵软多汁的凤爪、酥脆香甜的榴莲酥、晶莹剔透的茶皇水晶虾、香酥美味的蛋挞，简直不要太美味。另外还有各种珍馐，如以“海八珍”之首为主料的浓汤小

特色茶点

米辽参，素有“海洋人参”之誉的花胶皇搭配特制的鲍汁，每尝一口都是享受。

国贸旋转餐厅
地址：深圳市罗湖区人民南路 3002 号国贸大厦 49 层

二、胜记

1989 年，胜记在深圳开了第一家小面馆，到今天已是坐拥 10 多家分店的餐饮名店。胜记追求创新，始创了很多极具创意的招牌菜，如“文房四宝”、芝士焗番薯、将军过桥骨等，除了这些经典的特色菜式，啫啫煲、黄沙蚬、咕噜肉、焗鱼嘴等同样是胜记独具特色的招牌菜。

“文房四宝”茶点

文房四宝

所谓文房四宝，通常指笔、墨、纸、砚，承载着中国文化和书法艺术的深厚底蕴。因为菜品的造型都是按照文房四宝规格而制作，所以也叫“文房四宝”，极具创意，令不少食客拍案叫绝。“笔”能吃的部分只有“笔头”处，由莲蓉酥做成，像花蕊，有“妙笔生花”之意。莲蓉酥属于中式酥皮点心，层层叠叠的酥皮，轻轻一咬，香脆可口。蜂巢蛋糕和咖啡蛋糕，分别代表其中的“墨条”和“宣纸”。蜂巢蛋糕，做成密密麻麻如同蜂巢般的孔洞，口感柔软、清甜，如胶质般，冷藏后口感更佳。“砚”，其实是一块龟苓膏，特别适合在夏天食用，里面盛着的“墨汁”则是蓝莓汁。莲蓉酥、蜂巢蛋糕和咖啡蛋糕，都可蘸上蓝莓汁食用，口味酸甜适度，香气清爽，风味独特。

将军过桥骨

相传这是汉代越王宴请得胜将军的佳肴，因其形似拱桥，故取名“将军过桥骨”。食材精选农家土猪最好的两块肋骨，采用独家的烹饪技巧，并加入自制的风味豆酱。看着豆酱铺满一整块排骨，犹如战场写意的氛围，既形象又诙谐。食用前，先用剪刀一片片地剪开，看着像桥的阶梯一般。此菜融合了豆酱浓郁的香味，吃起来油而不腻，甜辣中带有柔软的口感。

将军过桥骨

胜记

地址：深圳市福田区八卦一路鹏盛村 1 栋 1-2 层

三、肥佬椰子鸡

肥佬椰子鸡店于1992年开业，是深圳牌子最老的一家椰子鸡店，也是第一家做椰子鸡火锅的餐饮店，很多香港居民慕名前来品尝。肥佬椰子鸡店开在罗湖文锦渡口岸附近的小楼里，门面不太显眼，还隐约有种大排档的感觉，餐厅面积不小，除了几间包房，其余都是通堂的餐桌椅。

肥佬椰子鸡店

店内还有招牌特色菜，如海南东山羊，选用海南正宗的东山羊，焖至入味，最是可口；现磨的豆腐，豆香满满；此外还有老板自己种的竹荪与咖喱面包蟹拼大海虾，独具特色，仅此一家。

椰子鸡

椰子鸡

肥佬椰子鸡的椰肉条是切好放入锅里的，标配是两颗椰青。椰青、椰肉和两片姜组成汤底，精选肥瘦均匀的海南文昌鸡，去掉鸡头、鸡脖、鸡脚，焖煮4分钟左右即可开锅。开盖后香味扑鼻而来，舀一碗汤慢慢品尝，鸡肉的鲜香与椰子的清香相互交融，清爽鲜甜之中透着肉香，而吸收了椰汁精华的鸡肉则爽滑脆嫩，搭配上自制的青橘砂姜蘸料，更是别有一番滋味。

印尼炒饭

平常的椰子鸡店主食一定是煲仔饭，而这家店的标配则是印尼炒饭，因为老板是祖籍海南的印尼华侨。炒饭虽只有青菜粒、鸡蛋、午餐肉，却能用简单的材料做出美味。米饭粒粒分明，与咖喱充分融合，味道香浓可口。

印尼炒饭

肥佬椰子鸡店

地址：深圳市罗湖区春风路锦星别墅C15号

四、深圳早茶

1. 丹桂轩

1995年，丹桂轩于深圳罗湖商业城成立首家门店，它以传统粤菜为基础，采用新鲜、绿色、营养、健康的自然原材料，“心思荟萃”、精雕细琢，烹制出“真味”的菜式，让宾客在色、香、味、形中品味饮食的至高境界。餐厅采用翡翠绿的餐具，古色古香。早茶必点的水晶鲜虾饺，皮的厚度刚刚好，个头适中，裹挟着3~4只鲜虾，搭配些许瑶柱丝，够鲜、够弹牙；蒸得软烂的豉汁凤爪，味道刚刚好；爆浆的流沙包，只有等到恰当时机下口，才不会被流沙烫到舌头；椰香浓郁的椰汁红豆糕，包裹着红豆和西米，口感层次丰富；脆皮蒜香鸡，真的做到了皮脆肉嫩；一碗黑椒牛肉粒焖伊面，入口即化的牛肉粒和爽滑的伊面，真是绝配。丹桂轩不仅早茶做得好，午餐和晚餐也不赖，片皮鸭、香煎银鳕鱼、醉鸡、芋头煲等均是门店特色。

丹桂轩

招牌猪手

招牌猪手口味偏甜，胶感强烈，店家很贴心地分成4小块，让人吃起来不会太腻。

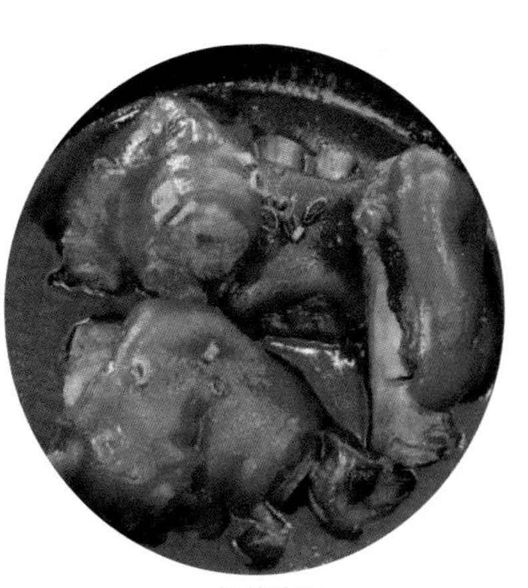
招牌猪手

锅贴小唐菜

锅贴小唐菜外皮酥脆，内馅是虾仁泥与小唐菜混合制作而成的，吃起来弹牙爽口。

丹桂轩

地址：深圳市南山区华侨城香山街波托菲诺会所首层

2. 凤凰楼

开业于1989年的凤凰楼是一家老牌酒楼，人气很高，服务很周到，店里面的点心味道还不错。必点的美食有榴莲酥、流沙包、虾饺、鲍汁凤爪、陈村粉。金枕飘香榴莲酥，酥软可口，榴莲香味十足；鲜奶焗蛋挞，奶香浓郁；水晶鲜露笋蒸虾饺，虾饺皮晶莹剔透，虾肉紧实饱满。

迷你金汤流汁包

迷你金汤流汁包

内馅蛋黄用料十足，吃起来香软，甜而不腻。

风凰楼
地址：深圳市福田区华强北路 4002 号圣廷苑酒店东区 1-3 层

3. 春满园

30 年来，春满园立足于深圳，和深圳一起茁壮成长、发展壮大。20 世纪 80 年代，第一家春满园在华强北正式开业。1997 年，春满园的第三家分店粤海店成立，这是迄今为止，春满园现存历史最悠久的一家店，也见证了一代人的成长。春满园的早茶，还是留存在心中的那个味道。

春满园

老少皆宜的凤梨叉烧酥，外皮酥脆，凤梨清香，混合着甜甜的叉烧，吃在嘴里，甜在心里。用豉汁蒸得入味的凤爪，皮肉分离，吃起来微甜中带着些许辣味，轻轻嘬一口，再呒上一口茶，简直是享受。用薄粉皮将整只鲜虾和爽口马蹄包裹起来的虾饺，弹牙爽口，一口一个刚刚好。最后来一碗绵稠香浓的皮蛋瘦肉粥，浓浓的高汤、弹牙的皮蛋搭配小块的瘦肉，撒上香葱和酥脆的油条皮，一顿早餐刚刚好。

萝卜糕

萝卜糕是最能体现一家酒楼早茶品质的点心之一。萝卜丝是否细腻柔软，虾米是否鲜香，煎的火候和油腻与否都是考验酒家厨师水平的关键，春满园的香煎萝卜糕先蒸后微煎，细腻的萝卜丝、新鲜的虾米和微煎的口感，搭配起来简直完美。

萝卜糕

春满园

地址：深圳市南山区南海大道粤海大道 1-3 层

五、极具特色：深圳美食

1. 光明乳鸽

光明乳鸽是深圳特产之一，又被称为“天下第一鸽”，因其特有的美味而成为广为人知的美食。光明乳鸽最大的特色是皮脆、肉嫩、骨香、鲜美多汁，轻轻咬上一口，先是香脆的皮被咬开，然后一阵浓烈的肉香散发出来，浓香中带有轻微的甘甜，肉因为嫩而非常有弹性。光明乳鸽在材料上严格选用生长期在25天左右的乳鸽，乳鸽肉厚而嫩，吃起来口感非常滑爽。其制作最为关键的一步是用陈年卤水泡制乳鸽，卤水由20多种不同的药材同时入汤熬制而成。乳鸽处理完之后，用卤水浸泡腌制入味，油烧至八成热，将涂满脆皮水的乳鸽浸炸至熟且表皮带有金黄色的光泽后，斩好上碟。光明乳鸽味道正宗，表皮香脆细薄，肉质细嫩柔滑、鲜嫩多汁，卤水和鸽肉香气融合，吃起来香脆可口。

光明乳鸽

光明乳鸽

地址：深圳市光明区法政路26号

2. 公明烧鹅

公明镇的烧鹅，以色佳味美、肉嫩皮脆而远近闻名，早在1939年就名扬海外。据资料载，公明镇在1952年还是属宝安县第七区，那年，全国经济物资交流会在宝安县深圳镇人民路举办，全国各地的著名特色产品被拿来展销交流。当时的交流会堪比现在的文博

公明烧鹅

会，全国各商家都拿出最抢眼的“家底”，而宝安县参加展销的特色产品就是公明烧鹅。宝安县的展销摊位被安排在一个不显眼的地方，但“鹅香不怕巷子深”，公明烧鹅香气扑鼻，人们纷纷闻香而来，又因其表皮光泽鲜亮，吸引了众多顾客，成为交流会一大亮点，被誉为名牌特色产品之一。公明烧鹅选用本地自产的草鹅，养足 100 天，鹅肥肉细，佐以秘制配料于中火中烤制，成品烧鹅呈金黄色，食之皮脆而肉嫩至极，香味浓郁。

公明烧鹅
地址：深圳市宝安区裕安二路和新安三路交会处

3. 喜上喜腊肠

提起腊味，人们对“喜上喜”情有独钟。喜上喜食品以其味美、营养、卫生安全而热销深圳，深受广大消费者喜爱。喜上喜腊肠、腊肉吸收了传统制法精华，采用机械化生产和国内首创的电脑监控、蒸汽烘干及自动化包装技术，产品不受任何污染。加上喜上喜选用的全为放心肉，质量上乘、配方考究，故腊味具有色彩鲜润、每条均匀干爽、层次分明、甘香可口、咸甜适中的风味特色。

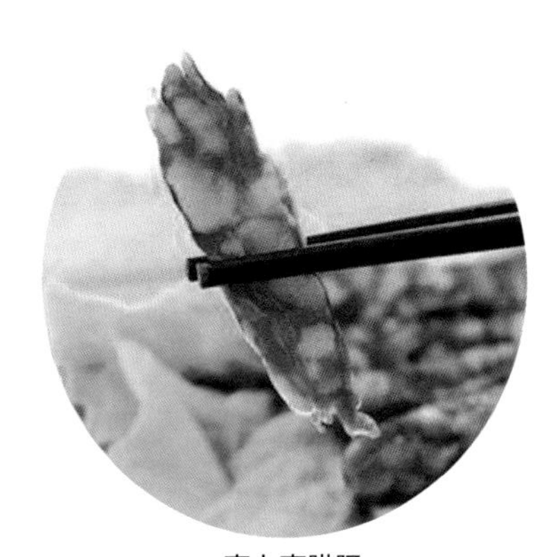
喜上喜腊肠

喜上喜腊肠
地址：深圳市罗湖区清水河五路 8 号

六、砂锅粥

对广东人来说，早上离不开茶，晚上离不开粥，无论什么季节都要来一碗热腾腾的粥。砂锅粥，顾名思义就是用砂锅熬制而成的粥，口味清淡，深受潮汕人喜欢，离开潮汕地区，在深圳也能喝到正宗的砂锅粥。

鸭粥

“盛平云权鸭粥”，这是大多数龙岗人心中排名第一的粥馆。大排档的格调，没有招牌也没有菜单，桌椅就摆在盛平天桥旁边，来往的食客却熙熙攘攘，络绎不绝。这家店菜式简单，受大众喜爱，招牌菜鸭粥，即点即做，每天都能卖出100多份。鸭粥分量十足，鸭肉爽滑鲜嫩，嚼起来回味无穷；粥软绵可口，特别鲜美。

鸭粥

盛平云权鸭粥
地址：深圳市龙岗区龙平东路444-1号

麻叶蚬肉番薯粥

“深运潮州粥”是深圳老字号，老广式的装修风格显得特别低调。服务员动作麻利，态度热情。到店必点麻叶蚬肉番薯粥，粥里一半以上都是番薯，不用额外加糖都能感受到番薯甜甜的味道，煲出来的粥米粒晶莹剔透，吃起来特别暖胃。番薯粥的“好搭档”——炒麻叶，清热降火，配合着黄豆酱一起炒，就着粥吃不咸不淡，搭配得刚刚好。

深运潮州粥
地址：深圳市罗湖区晒布路26号深运大厦一层

金牌洪阳鱼粥

“金牌洪阳鱼粥”，店铺虽小，却很有个性，只卖鲩鱼粥和石斑鱼粥。鱼粥用料十足，有鱼头、鱼泡、鱼柳、鱼腩、鱼皮等，鲜味浓郁，口感绵滑。

金牌洪阳鱼粥

金牌洪阳鱼粥
地址：深圳市福田区沙尾村综合楼 B 座

东莞美食

七、奇香菜馆

奇香菜馆的创始人周景棠发挥敢为人先的精神，独有厨技和热情好客、真诚待人的优良传统，于1985年在石龙镇中山西路建立了奇香菜馆。当时非常多的餐馆都擅长烹制鸡肉，但是奇香菜馆采用了独家秘制的酱料，做出来的鸡既有鲜味，又奇香无比，令人称绝，所以命名为“奇香鸡”。渐渐地，奇香鸡名声传开，远近邻里都来买奇香鸡吃，至今已有30多年。虽然中山西路已经不再是石龙镇最繁华的街道，但是奇香鸡依旧穿越岁月，流传至今。

奇香鸡

以白切鸡做底，但是和白切鸡又有着很大的差别。皮香肉嫩的奇香鸡配有一瓶由周景棠专门制作的酱汁，把酱汁摇匀后浇在切好的奇香鸡上，吃时夹一块鸡肉，蘸上一些酱汁，鸡肉就变得奇香无比。让人回味无穷。如果在盘子里放一些葱，将切好的葱蘸上汁，吃起来也是美味无比。据说有些人来吃饭，不点青菜，专门点一盘葱，拿来蘸汁吃。

奇香鸡

奇香菜馆

地址：东莞市中山西路124-126号

八、松山茶居

松山茶居，五星级酒店的粤菜餐厅，拥有360° 全方位透明厨房，窗外风景优美，整个酒店也是坐落在松山湖景区里边。其中具有代表性的菜式——塘厦碌鹅。

塘厦碌鹅

制作一份碌鹅，首先要将鹅去毛、去内脏并洗干净，然后将调配好的酱料搅拌均匀，接下来，就把酱料倒进鹅的肚子里用针线缝好，伦伯说这是为了在烹调的过程中不让酱料流失。下一步，把鹅涂抹生抽后放进油锅里炸。已经烹调碌鹅30多年的伦伯（原名黄学伦）说："油温必须要高，还要不断将油重复淋在鹅身上，这样不仅可以把鹅的表皮变得酥脆，同时还能把鹅的表面颜色弄得均匀，待鹅变成金黄色就可以捞起。"这个过程大概需要10分钟。油炸好的鹅表皮金黄，但肉并没有熟透，此时需要将整只鹅放在锅里蒸。在蒸的过程中，一般会在盘子中铺上一些香芋或者土豆，为的就是让鹅的养分在蒸的过程中尽可能地被利用起来，使养分进入香芋或者土豆中。40分钟后，一只香喷喷的塘厦碌鹅就做好了，只需要将鹅里面的酱料倒出淋在切好的鹅件上即可享用。将鹅先炸后蒸是为了达到皮肉相连、外脆里嫩的口感享受；多种配料是为了让鹅的味道更加丰富。从洗鹅到切件，整个烹调过程需要1.5小时左右。

塘厦碌鹅

松山茶居
地址：东莞市松山湖科技产业园中心区沁园路凯悦酒店1层

九、粤姐开饭

“吃粤菜，找粤姐”，既是“粤姐开饭”的口号，更是东莞食客的口头禅。粤姐开饭以传承岭南家常风味、迎合当代顾客需求、打造最高性价比的粤菜餐厅为宗旨。

粤姐开饭餐厅

化皮烧肉

化皮烧肉成色金黄，香脆诱人，肥瘦适中，层次分明，入口绵香。

化皮烧肉

砂锅牛三鲜

此菜获得“东莞钻石名菜”的称号，非常入味，每一块都吸收了汤汁里的各种香料，香料没有掩盖牛肉的本味。独家秘制酱料搭配少许辣椒，小火慢煮，再将锅底的萝卜煮得更加入味，搭配牛肉的粗纤维，口味绵长。

粤姐开饭（华南 MALL 店）

地址：东莞市万江区万江路华南 MALL（餐饮 BC 区 2 层）

十、佳佳美食店

“食过上汤鱼包，百味全无”是东莞人对中堂槎滘鱼包的赞誉。槎滘鱼包是东莞最有特色的小食之一，已有多年历史，以其诱人的外表、爽口的外皮和鲜甜入味的馅料赢得了远近食客的青睐。

中堂槎滘鱼包

做鱼包讲究时节，从金秋十月起到次年农历腊月是最佳季节。秋后的鲮鱼最为肥美鲜甜，天气越冷，鲮鱼肉就越容易起胶，做出的鱼包、鱼面越有弹性，味道越鲜美。鱼包的制作是一个复杂的过程，先将鲮鱼开肚除骨，用刀轻轻把鱼肉中最滑嫩的部分刮下来，经过反复搓打至柔韧透明、极富弹性，再用竹简均匀地把它压成纸一样的薄片，这就是鱼包皮了。馅料则是用鱼胶、瘦猪肉、腊肠、腊鸭肾、虾仁、冬菇、鸡蛋等原料调和剁烂做成，做好的鱼包外形像云吞。鱼包煮的时候，真正用鲮鱼做成不加面粉的鱼包皮是不会散开的，而且皮爽肉香。制作鱼包最好的方法就是用高汤和青菜去煨，简简单单就可以品尝到最正宗的鱼包美味。煮熟即吃，香甜爽滑，别具风味。上汤鱼包最佳的烹饪伴侣是青菜茼蒿，两者混煮，野味十足，令人食后余味无穷。

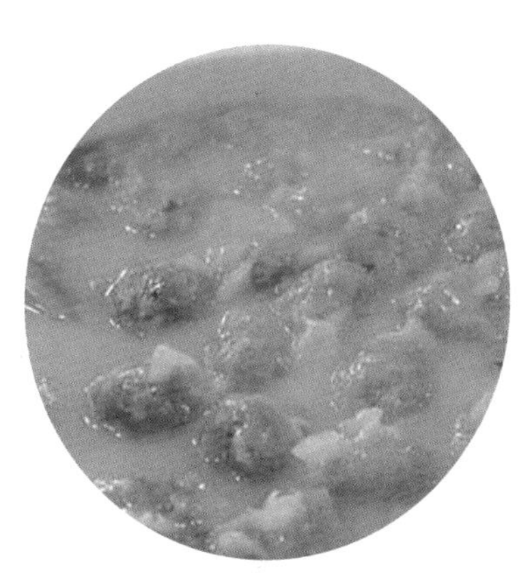
中堂槎滘鱼包

佳佳美食店

地址：东莞市道滘镇振兴路 134 号佳佳美购物广场

十一、东莞人家

东莞人家是东莞一家较大型的传统老牌酒楼，它入选东莞必吃榜，秉承粤菜传统，将东莞家常菜提升为高档大气的豪华粤菜。该店菜品的口味都很好，受到顾客的一致好评，有很多回头客。店内环境也不错，低调奢华，是请客吃饭的好地方。来到东莞，想吃地道的东莞菜，那么绝对不要错过这家店了。

东莞人家

洗沙鱼丸

洗沙鱼丸所取的鱼必须是新鲜的鲮鱼，鱼塘中不养鸭、鹅，以保证水质及鱼肉味道的纯净。把鲮鱼剔骨取肉后，用两根铁棒反复敲打 6 个小时以上，让鱼肉起胶，然后挤成丸状，这样做出的鱼丸胶质多、韧性足、弹性好，吃起来也相当有嚼劲，而且味道鲜美。

洗沙鱼丸

厚街濑粉

厚街濑粉是东莞的汉族传统名小吃，厚街人每逢过年、生日（寿宴）等喜事都有吃濑粉的习俗，当地流传着一句妇孺皆知的俗语：“八月十五杀鸡泡粝（濑）粉，争食打崩煲”，寓意长长久久、多福多寿。厚街濑粉具有洁白、细长、坚韧、爽滑的特点，配以上汤，味美可口。“浓”和“清”是汤底的两大特点，一二十斤的猪骨头，加上猪肚、陈皮果壳等熬出的汤清、浓、纯。在这样的汤里浸出来的濑粉鲜甜嫩滑，特别可口。厚街濑粉中最出名的有烧鹅濑、烧鸭濑，吃的时候，将濑粉在热水中烫一烫放入碗中，然后加上一大勺高汤，粉面再铺上一层皮脆肉嫩的烧鹅，令本就鲜美的汤中浸上了烧鹅的香味，更加美味诱人。

厚街濑粉

东莞人家
地址：东莞市东昇路东城十三碗美食广场1栋1层

惠州美食

十二、“鹅城”就是要吃鸡

“鹅城”是指广东惠州，传说有仙人骑着木鹅从北方飞来，因留恋惠州西湖美景而把木鹅化作一座山，惠州由此得名。俗话说：“无鸡不成宴 。”鸡在广东人的餐桌上是最司空见惯的食材，会吃爱吃的广东人更是将其发挥得淋漓尽致，不同类型的鸡的菜肴，应有尽有，只有想不到的美味，没有做不到的美味。众所周知，惠州有号称广东省三大出口名产鸡之一的胡须鸡，拥有“三黄一胡”特征的胡须鸡吃起来香嫩爽滑，适合做成各种菜肴。

盐焗鸡

上过央视《舌尖上的中国》的盐焗鸡餐厅招牌菜式盐焗鸡，肉质紧实而不失嫩滑，鸡皮香脆，味道正宗。

盐焗鸡

品鸡坊·舌尖上的盐焗鸡餐厅
地址：惠州市惠民大道汝湖镇东亚村口

鸡煲萝卜

黎记大排档是惠州颇有名气的客家风味大排档，招牌菜式鸡煲萝卜是不可错过的美味，鸡肉鲜香爽滑，搭配萝卜开胃又下饭。

黎记大排档
地址：惠州市下角慈云路黎屋巷 38 号（近元妙古观）

猪肚鸡

最适合冬天吃的猪肚鸡也是鼎鼎有名的客家风味。森鑫猪肚鸡分量足，鸡肉不老不柴，汤底有中药的味道，喝一口，全身都暖暖的，搭配香气十足的煲仔饭，令人特别满足。

森鑫猪肚鸡
地址：惠州市东湖西路金典故事大厦2层

十三、龙门“客栈”里的美味

龙门龙城，地处增江上游，是一座依山傍水、聚宝纳瑞的山水之城。山水龙城，人文荟萃、人杰地灵，这里有山灵水秀、乡间竹海之美，更有客家珍馐、广府佳肴，极具地方特色。来龙城寻找美食，不能不来龙门县城的香滨东路，这里隐藏着一条龙城美食街。

陈皮莲子鸭

鸭，是客家人最常食用的家禽之一。客家人热情好客，一桌礼待八方，上档次的宴席注定少不了一道鸭肉菜，而客家的鸭肉做法更是多样。在众多的鸭肉佳肴之中，“陈皮莲子鸭”应该是最特殊的一种鸭的菜肴。小观园餐馆，朴素的门面下却潜藏着“深不可测”的美食，“陈皮莲子鸭”是门店招牌菜式之一，更在美食如云的“龙门宴”评选中拿下大奖。陈皮莲子鸭，主要分为鸭肉和馅

陈皮莲子鸭

料两部分来制作。将莲子与陈皮粒等，加上酱料调成秘制的莲子馅料；精选个头不大的嫩土鸭，褪毛并清除内脏后，把莲子馅料塞入鸭腔，以钢条封好。然后将整只鸭放入热油中炸，待鸭表面炸至金黄再放入蒸炉中蒸熟，一只芳香扑鼻，外脆里嫩的陈皮莲子鸭即成。俗话说“无鸭不香”，鸭香配以陈皮的沉香和莲子的清香，呈现出独一无二的香气，让人心旷神怡，其味渗入酥软的鸭肉之中，更是滋味无穷。

小观园餐馆

地址：惠州市龙门县龙城街道香滨东路 32-8 号

鲍汁黑豆腐

新味餐厅招牌菜式鲍汁黑豆腐，以东江豆腐煲为基础进行改良，而与东江豆腐煲不同的是，鲍汁黑豆腐的豆腐是以黑豆磨浆自制而成。将黑豆腐浇以秘制的鲍鱼汁煮熟，一份“低调奢华”的鲍汁黑豆腐便大功告成，尝一口，豆腐口感绵软，汤汁浓郁。

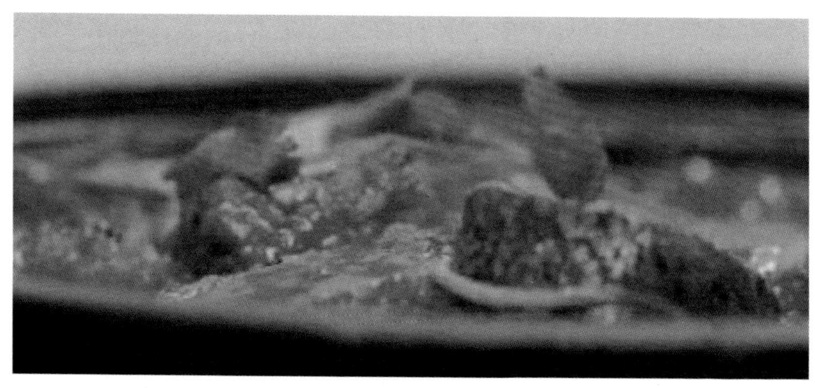

鲍汁黑豆腐

新味餐厅

地址：惠州市龙门县香滨东路 32-7 号

十四、龙门百年美食

龙门年饼

龙门年饼皮薄馅多，爽脆可口，咸淡适中，清香宜人。龙门年饼造型独特、形态各异，多以圆形为主，取月圆之意，间或有少许鱼仔形，寓意年年有余。1998 年 2 月，龙门县博物馆曾在王坪镇（现称龙田镇）发现清代晚期的年饼模印，后捐赠给惠州市民俗博物馆。2015 年 2 月龙门年饼被公布为市级非物质文化遗产。

龙门年饼

大笼糍

龙门县龙江镇大笼糍兴盛于明代初期，它是年糕的一种，是龙江镇当地村民春节期间祭祀或送礼的传统食品。大笼糍象征着团圆，同时也体现了农村人一年下来丰收的喜悦心情。龙门人从大年初二开始走亲戚，带上一块大笼糍、一包糖、两筒米饼，就已经是很好的“手信”了。一般而言，用于送礼的大笼糍，形状越标准、厚度越厚，越能代表送礼者对主人家的尊重。2015 年 2 月大笼糍被公布为市级非物质文化遗产。

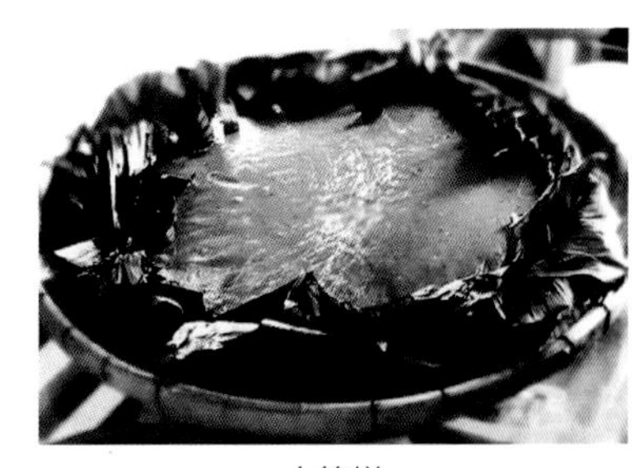

大笼糍

艾糍

龙门人吃艾糍源于清代中期。每逢清明节，龙门县各乡镇，特别是农村，家家户户都有做艾糍的习俗。民间清明节又称“鬼节”，艾草有辟邪的作用，清明节做艾糍也是祭拜先人的一种方式。另一种民间流传下来的说法是，清明节吃艾糍可以防风防雨，意为在田间劳作不怕风吹雨淋。2009 年 8 月艾糍被公布为县级非物质文化遗产。

艾糍

西溪鹿庵笋

相传西溪鹿在明弘治年间开始种植竹笋，并将母竹上长出的幼嫩竹笋煮熟鲜食或加工为笋干食用。因竹笋产于龙潭与龙华两镇交界的西溪，且以西溪鹿庵村的甜笋品质上乘，尤为著名，被列为上等名菜，故称西溪鹿庵笋。2009 年 8 月西溪鹿庵笋被公布为县级非物质文化遗产。

西溪鹿庵笋

十五、一代惠州人的回忆：朱记食店

1994 年，“朱记”在惠新西街正式开始营业。在这里掌勺的，是一位惠州人琼姨，年逾 60 岁的她从 18 岁就开始做惠州小吃，如今，一手本领也传授给了儿子和儿媳妇，一家大小做的也都是街坊生意。时代更迭，朱记食店“土”味依旧。

在朱记食店，许多美食都是值得一说的，不过最让人眼前一亮的，还是那些承载了一代惠州人回忆的美味，如这里的“阿嬷叫”，就是惠州人心里的经典。据说其“土”出一格的名字，来自卖小吃的商贩们赶走围观的小孩时的口语——“阿嬷叫你回家了”。

阿嬷叫

“阿嬷叫”为惠州传统的油炸类风味小吃，距今已有300多年的历史。在惠州密集的老城区小巷口，常见简单的炉灶支起油锅，将白萝卜丝、虾米、肉粒，和以调好味料的面粉浆，用小网篓舀放进沸油锅中慢火煎炸。炸好后成品呈小碗状，外酥内软，有萝卜的清香而不油腻，喷香可口。

阿嬷叫

酿春

朱记食店的“酿春”也是一大亮点。相信平常人们到饭店都吃过各种酿制的菜肴，像酿豆腐、酿青椒、酿三宝等，但酿春，应该很少听过，酿春是什么？其实就是酿鸡蛋。据说，这是惠州菜式中酿制技巧的最高境界。

酿春

朱记食店

地址：惠州市惠城区桥东下塘街12号2层

PART 6

中山、珠海特色美食

中山美食

一、石岐佬

石岐佬以“取之自然，烹之自由，食之自在”的理念作为经营之道，主打中山菜式，是本地人饮食的首选，同时也深受港澳同胞的热切追捧。此地流传着“未食过石岐佬，不算来过中山”的说法，由于石岐佬不设预约订座，所以几乎每餐前都有许多人排队。石岐盛产乳鸽，以其体形大、胸肉厚、肌肉饱满、肉质嫩滑爽口而享誉粤港澳市场。

石岐佬餐厅

石岐乳鸽

石岐佬的红烧乳鸽被誉为“中华第一鸽”，这道菜上桌时，色泽红光发亮的乳鸽散发着浓浓的香气，乳鸽皮脆肉嫩、口感鲜韧，一口咬下去有许多肉汁溢出来，满嘴都是油润的鸽肉香；吃尽肉后，骨头细嚼亦味道诱人，恨不得也吞下去。此菜

石岐乳鸽

甘香鲜美，幼嫩可口，油而不腻，色、香、味俱佳，被推为上品佳肴。红烧乳鸽作为中山的名菜，除色、香、味俱全外，还可兼作药用食疗。因乳鸽肉性温平、入肾肺，有治肺肾伤损虚亏的功效，还可治疗皮肤恶疮顽癣、癞疯、瘰疬溃疡，故此菜式经久不衰。

石岐佬

地址：中山市石岐区康华路 36 号

二、香山家宴

香山家宴是由老房子改造而来的，所以有家的感觉，青砖素瓦和精细的雕工是古代建筑的标配，灯笼将院子照得透亮，也成为香山家宴一道独特的风景线。精雕细琢、古朴雅致的岭南古建筑艺术，蕴藏着不同时代的中山记忆。

香山家宴餐厅

沙溪扣肉

沙溪扣肉是“沙溪三件宝”之一。要做好地道正宗的沙溪扣肉，选料非常讲究，选用肥瘦适中的隔沙五花腩肉，慢工细作，才能做到肉滑味香、肥而不腻、入口即化。用钉板拍打后，下油锅炸，过清水浸漂，切件拌味并用传统古碗排好，最后用木柴火炖制。调味品方面除了有十几种常用的之外，还有几种香料是必不可少的，其中有一种香料叫“沙溪蒌叶”，沙溪扣肉如果没有蒌叶的话，就称不上正宗的沙溪扣肉。如此繁复的制作才使一个地方特色菜，能百年经久不衰并得到食家的青睐。

沙溪扣肉

香山家宴
地址：中山市彩虹大道 167 号荔景苑内

三、园林酒家

园林酒家位于小榄镇，小榄镇素有“菊城”的美誉，小榄人喜爱养菊、赏菊，将菊花融入生活的方方面面。以菊做菜，古已有之。菊花糠、菊花肉等充满小榄风味的美食数不胜数。“秋高东篱采桑菊，家乡秋菊酿绫鱼。曾经沧海难为水，红炆蛇碌配鸡腿！”这一首流传在小榄的打油诗就很好地说明了菊花和饮食的关联。

小榄炸鲮鱼球

这是地地道道的中山小榄名菜，源于明代，由一群自北南下的难民流传下来。先将鲮鱼肉加入秘制配料，用手打或

小榄炸鲮鱼球

搅拌至起胶，然后挤成球状，入油锅炸至金黄色即可，上碟摆盘之后撒上菊花瓣，赏心悦目。刚炸好的鱼球外酥里嫩，完全没有鱼的腥味，生菜叶包裹着鱼球再蘸点小榄特制的蚬蚧汁，使其带有菊花的清香，吃起来香甜独特。

菊花水榄

菊花水榄是小榄特有的一种汤圆，男女老少皆对其情有独钟。在冬至和元宵节的时候，有许多小榄人会把它当作应节食品。一家大小，在寒冷的天气里，吃上一口热腾腾的菊花水榄，浑身都暖和了。饱满的豆沙麻蓉馅配上芳香的菊花糠，特别有情调。

菊花水榄

菊花八宝饭

菊花与猪肉的搭配在小榄颇负盛名。菊花肉是选用猪的背部肥肉，切成透明状薄片用糖腌制，外面拌一层半鲜半干的糖渍菊花瓣而成。吃起来爽脆不腻、清香可口，芬芳扑鼻。菊花八宝饭由菊花糖、猪油、糯米、八宝料等精制而成，也是小榄佳肴之一，分量十足。切开散发着浓香的八宝饭，莲子、红枣、冬瓜、榄仁、红豆沙等粒粒珍宝赫然可见，众多珍宝汇聚于此，其滋补养颜之效可想而知。

菊花八宝饭

秋菊酿鲮鱼

鲮鱼和菊花搭配成了小榄的一道名菜。鲮鱼去骨，保留完整的鱼皮和鱼头，鱼肉打成鱼胶后加入马蹄粒、发菜、菊花碎等，搅拌均匀，酿进鲮鱼皮里；入锅半煎炸直至整条鲮鱼呈金黄色，切件后按鱼的样子装碟，淋上汁即可。尝一口，鱼皮酥脆，鱼肉爽口弹牙。

园林酒家
地址：中山市小榄镇文化路 75 号

四、红日饭店

中山市西北部东升镇，邻近小榄水道，镇内河网纵横交织，淡水资源丰富，素有“鱼米之乡”的美誉，更是著名的“中国脆肉鲩之乡”，引人入胜的脆肉鲩文化便是该镇的重要名片之一。“一鱼百味”，正是东升镇名厨们的追求。东升镇有一家久负盛名的脆肉鲩餐馆——红日饭店，主打脆肉鲩美食，有清蒸鱼腩、茶叶鱼片、椒盐鱼骨等 20 余种，琳琅满目。红日饭店悉心经营数十载，严格把控脆肉鲩的品质，把关每一道工序，也让其收获诸多荣誉，在中山有口皆碑。许多食客不远万里来到红日饭店排队等候就餐，只为了品尝最正宗的脆肉鲩。

红日饭店

砂姜脆肉鲩鱼片

鱼片爽脆无比，汤汁鲜甜美味。清水和姜的火锅底就足够了，只需要引出脆肉鲩的鲜味。鱼片肉质紧实、清爽、脆口、耐煮不易烂，且肉味清香可口。

砂姜脆肉鲩鱼片

红日饭店

地址：中山市东升镇裕隆三路与迎福路交叉路口北行 50 米（近文化广场）

五、荔苑隆都菜馆

产自广东中山的芦兜粽是一道美味可口的小吃，吃芦兜粽是广东省端午节食俗。一般芦兜粽呈圆筒状，两头交错一字平口，直径约 12 厘米，长 30 厘米，裹入调好味道的糯米，夹以烧腩肉、咸蛋黄，用圆水草绑扎。大火烧至水滚时放入芦兜粽，文火煮 4 个小时，中间加些开水，收火留芦兜粽浸于汤内 4 小时，前后要在开水中烧上 10 个小时才可食之。

芦兜粽

荔苑隆都菜馆的芦兜粽精选优质红心流油咸蛋黄、上好的烧腩肉，坚持用传统手工裹粽方法。包好的芦兜粽放进特制的煨炉里煨煮，选用谷糠作为燃料，控制火力均匀煨制 12 个小时，长时间的煨煮将芦兜叶的香味和谷香都融入粽里，仔细品尝之时，便可闻到淡淡的谷糠烟火香和芦兜叶子

芦兜粽

的清香。糯米经过长时间的煨煮，香滑软糯不黏牙，红豆均匀分布，蛋黄橙黄油亮，五花肉透着油润的光泽，分外诱人。从田园到餐桌，芦兜粽整整历经12道工序，只为将软糯飘香的滋味呈现给广大食客。

荔苑隆都菜馆
地址：中山市沙溪105国道隆都家私城侧

六、铭珠粥粉

在三乡濑粉中，铭珠粥粉是最有名的。铭珠粥粉从1979年开业，至今已经40多年了，只开了两家分店，专做早市，营业时间到下午2点。尽管店面颇为狭小和破旧，但出品的濑粉很好吃，有鱼饼、烧鸭、叉烧等10种濑粉，濑粉是用黏米浆制成，软糯甘滑，分量很足。

三乡濑粉

三乡濑粉是广东中山三乡镇的传统名吃，也是广东省出口五大皇牌米粉之一。以优质黏米为原料，选用当地优质矿泉水，匀成稠度适中的粉浆，倒入“粉榨”（一种底部开有小圆孔的铁壳），均匀撷入沸水中，少顷捞出迅速放入凉水中过凉，即成濑粉。濑粉呈圆条状，吃起来韧滑爽口，类似桂林米粉。食濑粉最讲究的是汤，汤是用猪头骨加上杂骨熬制的高汤。配上高汤，整道菜品吃起来十分美味可口。再在煮好的濑粉里

三乡濑粉

面添加提前准备好的鲍鱼、烧鹅、叉烧、瘦猪肉和时令蔬菜，也可以根据自己的口味进行替换。这样，一道三乡濑粉就算是大功告成了。

三乡濑粉

铭珠粥粉

地址：中山市三乡镇振华路 3 号

珠海美食

七、和记

坐落在美丽唐家湾的和记，被评为最好吃的私房菜餐厅之一，店面装饰简朴，位置也较为偏僻，但天天满座。来到和记菜馆，必点和记老火萝卜和和记芋蓉酿茄瓜。和记招牌菜式陈皮排骨、吊烧鸡、焖鸭、椒盐竹肠、干煎马头鱼等都是不可错过的美味。焖鸭每天限量供应以保证品质，每一块鸭肉在砂锅中都焖得非常入味，鸭肉色泽诱人，吃起来紧实筋道、肥而不腻；椒盐竹肠，外脆内嫩，配合着椒盐，十分爽口下饭；陈皮排骨口感酥脆不油腻，细细咀嚼有淡淡的陈皮清香萦绕于口齿之间，令人回味无穷。

和记

老火萝卜

用萝卜和猪骨熬制一整夜，萝卜在肉汤中经过长时间炖煮，吸收了猪骨汤的精髓而微微呈现粉红色，吃起来松软可口、鲜甜美味，汤汁香浓，让人回味无穷。

老火萝卜

芋蓉酿茄瓜

精选广西的荔浦芋头作为原料，芋头的粉嫩加上茄子的清香，再用自制的酱汁增香。芋头外脆内松、厚实香甜，夹着茄子一起吃的话又不会很油腻，虽然是新式做法但是却带来不一样的美味。

芋蓉酿茄瓜

和记
地址：珠海市唐家湾镇茶水井山房路唐绍仪故居斜对面

八、兄昌饭店

兄昌饭店开业于1998年，是珠海老字号。开业后经过两年探索经营，2000年兄昌饭店从珠海一众的饭店中脱颖而出，名声大噪，惹得周星驰也闻名而来。兄昌饭店开业至今，不断进行装修翻新，每到用餐时间，总是座无虚席。兄昌饭店主打正宗粤菜，同时为食客提供不同时令的生猛海鲜，价格实惠。推荐菜式有化州香油鸡、捞河粉、香芋油鸭煲、铁板大肠、茶树菇炒猪颈肉、啫啫黄鳝煲、客家酿豆腐、水煮肉片等。化州香油鸡为每桌必点菜，入口香滑、油而不腻，高峰期曾一天卖出 150 只鸡；客家酿豆腐，豆香味十足，嫩滑可口；香芋油鸭煲，以纯椰汁做汤底，加入香芋和油鸭同煲，让原本寡淡的椰汁变得油润、咸香，芋头口感香滑软糯，混合着椰汁的清香，油鸭肉质紧实，嚼劲十足。

兄昌饭店

化州香油鸡

招牌必点菜式化州香油鸡，精选农村山地圈养的走地阉鸡，采用白切鸡的做法，加入秘制香油。淡黄色的鸡皮油光鲜亮、香而不腻，齿过留香；鸡肉吃起来口感爽滑而有弹性，味道浓厚，原汁原味。

化州香油鸡

兄昌饭店

地址：珠海市香洲先烈路 6 号（渔会酒店西邻）

九、大赤坎烧味海鲜餐厅

斗门大赤坎篮球场旁边一家有名的烧味餐厅——大赤坎烧味海鲜餐厅，有号称全珠海最好吃的叉烧，由赵自强父子精心经营多年。叉烧采用家传秘方酱料、传统手工工艺、土法烘焙专炉、荔枝果木烧烤制作而成，出品的明火叉烧和烧排骨色泽鲜明、香味四溢、滑而不腻、甜而不黏。

叉烧、烧排骨

餐厅招牌菜式叉烧甜而不腻，肉质细嫩，半肥半瘦，吃到嘴里令人回味无穷；烧排骨香味浓郁，味道恰到好处。叉烧均选用梅头肉、水肋排，用纯手工的古式烤法，制作过程繁复、耗时长，却让人十分期待。一条肥瘦相间的明火叉烧肉，上桌前淋上一圈叉烧汁，吃起来格外香浓，缓慢夹起一块叉烧，能看到油脂粘连起丝。一口咬下去，隐隐的荔枝果木熏香将鼻腔包围，入口时焦香微脆，表面的甘甜在嘴中慢慢回旋，让人意犹未尽。

叉烧

大赤坎烧味海鲜餐厅
地址：珠海市斗门区大赤坎村篮球场侧

十、横琴公社餐厅

横琴公社餐厅是一家风格鲜明的农家餐厅，餐厅的生蚝菜式花样繁多，有刺身蚝、白灼蚝、姜葱炒蚝、炭烧生蚝、胡椒浸蚝、铁板生蚝、酱爆生蚝及蒜蓉粉丝蚝等，均是食客的心头好。横琴公社餐厅专注生蚝美食近20年，十分重视生蚝的品质。甜美肥硕的生蚝对水质要求非常高，因此，横琴公社餐厅在深井村专门设有生蚝场，保证了生蚝的鲜美。生蚝学名“牡蛎”，肉味鲜美、营养丰富，素有“海上牛奶”的美称，横琴生产的横琴蚝具有五大特点：一大、二肥、三白、四嫩、五脆，素有“珠海名吃”之称，享誉海内外。

翡翠珍珠蚝

这是横琴公社餐厅研发的特色菜，也是获得过美食奖的经典菜肴。将横琴蚝白灼，与芥末、香油、生菜等拌匀，白白嫩嫩的横琴蚝与碧绿的生菜搭配，看起来宛如一串诱人的“翡翠珍珠”，闻起来鲜香扑鼻，吃起来清脆爽滑。

翡翠珍珠蚝

横琴公社餐厅

地址：珠海市横琴新区顺景路原顺德办事处3号楼1层

十一、太阳与海

“太阳与海”的创始人刘心灵，幼时随父母移居香港，从小对中医和茶道有浓厚兴趣，曾多次到台湾学习茶道，是香港较有名气的茶师之一。餐厅以茶艺开道，以珠海原居民本土美食为主打，装饰布局皆就地取材，

“太阳与海”心灵茶庄之家

以怀旧朴实的风格还原珠海居民本土菜式的淳朴理念。推荐菜式有茶皇鸭、云耳蒸牛肉、芋头粒饼、香煎马鱼头、煎蛋饺、咸水草扎肉等。煎蛋饺色泽金黄，吃起来还有一股淡淡的葱花香；茶皇鸭吃起来非常软嫩，茶香沁人。

茶皇鸭

由餐厅创始人在1998年根据外婆做的家常菜改良而成，是餐厅必点菜式。茶皇鸭选用上品乌龙茶加酱汁浸透腌制，茶香与酱香双重渗入，芳香扑鼻。品尝后，唇齿留香，甜而不腻，每一口都是浓浓的家乡记忆。

茶皇鸭

咸水草扎肉

精选五花腩，搭配陈皮、老姜和稻谷草，将每一块肉用稻谷草扎

咸水草扎肉

实，炖足数小时。菜品上桌时，先用剪刀将稻谷草和肉剪开，再用夹子把肉撕开，夹起一块肉蘸取酱汁食用，口味酸甜、肥而不腻、入口即化。

太阳与海

地址：珠海市香洲区碧海路 109 号

十二、官塘茶果店

珠海唐家的官塘茶果，是唐家湾镇官塘村的一种民间小吃，距今已有几百年历史。2006 年 6 月 10 日，官塘茶果入选首届“广东省非物质文化遗产保护成果展”，使得这种小吃更加闻名遐迩。官塘茶果店的老板娘叫佘燕，1988 年，40 岁的佘燕开始做早点，顺带做茶果。因为她的茶果味道好，吸引村里村外的人都来买，供不应求，店面后便改成以做茶果为主。茶果制作工序烦琐，对材料要求也很高，为保证口感，店里的出品均不放任何添加剂，且坚持用柴火蒸煮，所有的点心都是按传统的方法手工制作。茶果大致可分为糯米类、黏米类和小吃类，在官塘茶果店里，有近 20 种茶果，如角仔、叶仔、五指抓、芋糕、萝卜糕、马蹄糕、红豆糕、花生糕、银糕等。

叶仔

叶仔分为甜、咸两种口味，咸的以花生碎、猪肉粒和虾米为内馅；甜的以糯米白团配豆沙做成，再用芭蕉叶卷成筒状，炊熟即可。

叶仔

马蹄糕

马蹄糕呈茶黄色，半透明状，吃起来软滑爽韧、口感甜蜜，入口即化。

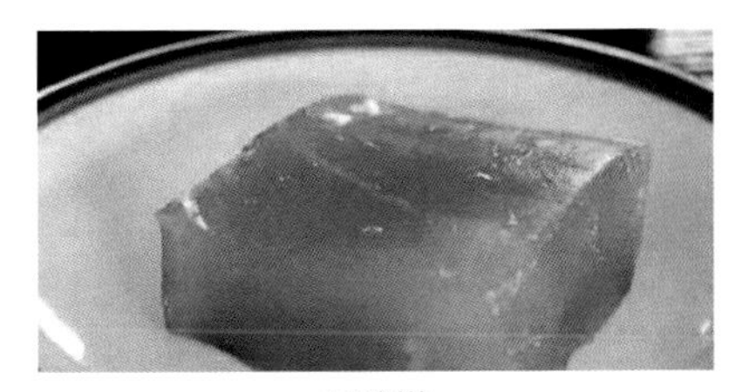

马蹄糕

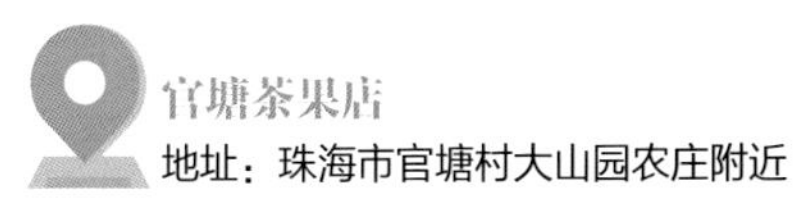

官塘茶果店

地址：珠海市官塘村大山园农庄附近

PART 7

江门、肇庆特色美食

江门美食

一、五邑人家

五邑人家是一座农庄，位于五邑碧桂园附近。农庄里的装修独具五邑风情特色，大门是用石堆、木头与稻草搭建起来的，大门两侧也采用园林式镂空的砖墙将整个农庄围起来，仿佛是隐藏在市区的大户人家。一进门有一个大水车，大水车的水引流到旁边的“福”缸里，寓意“福满”。农庄内还收集了旧电视、旧收音机、缝纫机、旧钟表、竹筐、蒲扇等作为装饰元素，桌椅也用旧时的木桌、木椅，透着五邑农家风情特色。每间包厢均以五邑地名命名，半开放式包厢的设计，既私密又有开阔的视野，包厢内的墙壁上挂着摄影爱好者拍摄的五邑地区景色作品。

五邑人家主打五邑地区的经典名菜，极具农家特色，以天然食材入菜，菜式的烹调方式丰富多样。推荐菜式有台山鲜蚝猪手锅、陈皮掌翼、咸鸡笼、咕噜肉、陈皮番茄、农家四宝糍、砂姜鸡煲、牛大力莲藕牛骨汤等。台山鲜蚝猪手锅，选用台山肥美新鲜的生蚝，将茶树菇与猪手、生蚝一起焖，焖好后一揭开盖，香味便扑面而来，生蚝肥美嫩滑、猪手肥而不腻、茶树菇香浓可口，值得一尝；陈皮掌翼，选用十年陈皮，用秘制的陈皮水将掌翼卤过之后，再焗香，最后撒上磨成粉的九制陈皮，陈皮的香气掩盖了肉的腻味，令菜的味道更加丰富；咸鸡笼，开平特色小吃，里面的馅料有虾米、叉烧粒、花椒、葱粒、马蹄粒、鸡蛋丝、萝卜粒、

牛大力莲藕牛骨汤

香芹粒、花生粒等10多种，入口松脆软滑，还能感受到各种食材的鲜香，一开吃便无法停止。

牛大力莲藕牛骨汤

五邑人家必点的菜式之一，精选具有平肝、舒筋活络、补虚润肺之功效的著名药材牛大力，与牛骨同煲，并加入莲藕、杜仲、红枣、枸杞等配料慢火炖煮12个小时之久，此汤不但有滋补作用，而且味道鲜美可口。

五味鹅

五邑地区家家户户餐桌上的标配。五邑人家的五味鹅，选用开平马冈鹅，搭配土豆，采用特制酱汁焖煮，土豆吸收了鹅的肉汁很香绵，而鹅肉吃起来香而不腻。

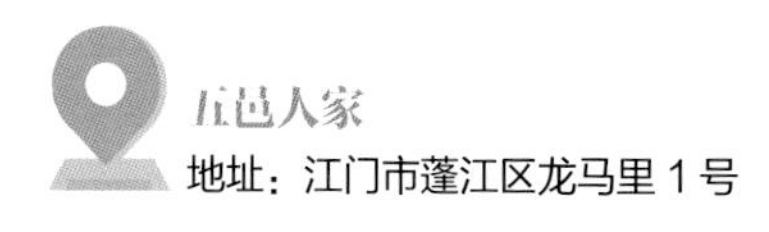

二、恒益大酒楼

古井烧鹅香飘四方，远近驰名，“恒益”老字号拥有百年历史，是古井烧鹅技艺的杰出代表。恒益大酒楼是恒益食品公司旗下大型酒楼之一，酒楼将古典及现代装饰风格相结合，别具匠心，菜品以“鹅”为主，突出鹅本身的香味，令人难忘。另设有如水族馆一般的大海鲜池，并配有上百种早茶点心供食客品尝。恒益大酒楼的古井烧鹅色泽光亮、皮香甜脆、肉滑骨酥、肥而不腻；白灼鲜鹅肠鲜香爽滑，口感一流；红油香蜜鹅肝风味独到；发菜扒圆蹄香滑可口，让人回味无穷；马蹄煨野猪，色、香、味俱全。

古井烧鹅

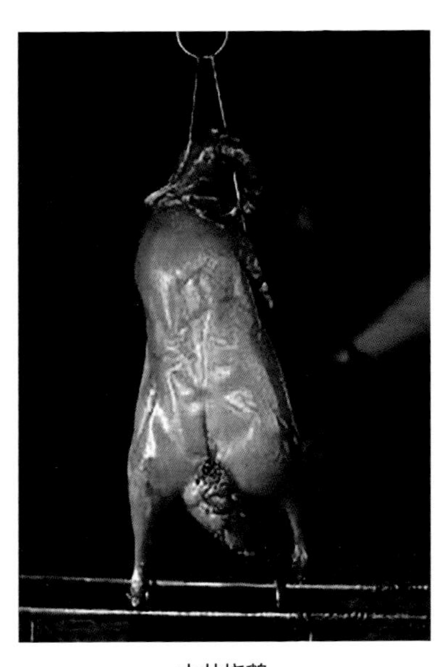

古井烧鹅

古井烧鹅是新会的一道传统名菜，因其皮脆汁美、肉香甘甜，广受食客喜爱，早已驰名中外。据说，古井烧鹅还是按照南宋宫廷秘方制作的。700多年前，新会崖门发生了一场宋元大海战。大战结束后，一位曾在南宋宫廷负责制作烧鹅的御厨，带女儿逃难到银洲湖西岸，并开了一间烧鹅店，凭着宫廷秘制烧鹅的高超手艺，烧鹅店很快就声名远播。后来御厨的女儿嫁到东岸的古井镇，将父亲的手艺传承下来，古井烧鹅就代代相传到今天。烧鹅采用纯正荔枝柴来烧制，使得整只烧鹅都皮薄而脆、色泽金红，鹅体饱满，鹅腹藏有卤汁，吃起来味道醇厚。将鹅斩成小块，它的皮、肉、骨都是连着不脱离的，入口即离，具有皮脆、肉嫩、骨香、肥而不腻的特点，若再蘸着酸梅酱吃，更显出一番风味。

恒益大酒楼

地址：江门市杜阮镇江杜东路230号

三、台山第一家兴华黄鳝饭

“台山第一家兴华黄鳝饭”由台山市彭日华夫妇于1987年在台山水步镇创立，饭店出品的黄鳝饭是台山市最正宗的，享有盛名，曾被海内外多家媒体报道，被誉为侨乡五星级美食。饭店除招牌的黄鳝饭外，还引入了别的菜式，比如生猛海鲜、秘制荷香蒸藕丸、白云猪手、金牌白切鹅、胡椒羊肚煲、羊肚支竹煲、金沙盐水鸡、脆皮叉烧、九制陈皮骨、榄角蒸边鱼、芥蓝炒腊味、姜葱炒牛肉、蒜蓉麦菜、秘制五味鹅等。脆皮叉烧，肥瘦分明、皮脆肉嫩，让人忍不住再夹一块；九制陈皮骨，黄色的酥皮透出一股甘香的陈皮味道，吃起来酸酸咸咸，生津开胃，让人无法抗拒；荷叶蒸牛肉丸，荷香四溢，美味多汁的牛肉伴着爽脆的莲藕，咬下去肉汁瞬间充满口腔，肉质嫩滑，爽口弹牙。

黄鳝饭

黄鳝饭采用煲仔饭的煮法。制作黄鳝饭，先将黄鳝放入已烧开的水中煮至能撕开肉的程度，捞起过冷水，把鳝肉撕（切）好待用。将米洗净，滤干水分，用大号瓦煲将水煮开，将米倒下煮至起蟛蜞眼状。最后用猛火烧油起锅，将蒜蓉、姜丝爆炒放入鳝肉中翻炒，加入调味料炒匀，放饭上面，用慢火将饭煮至熟透。

黄鳝饭

其间，从瓦煲边放入少许生油，上桌前在饭面上放少许葱花，上桌后稍等 10 分钟再开盖将米饭拌匀食用。米饭粒粒分明、干硬适中、稍稍带油，鳝鱼分量合适，用葱花点缀，饭香扑鼻。

台山第一家兴华黄鳝饭

地址：台山市台城镇彭沙坑管区沙坑卫生站北 50 米路西

四、粥底火锅：和盛粥庄

和盛粥庄创办于 2005 年 6 月，是以广东名小吃“山泉水粥底火锅”为主题的特色餐饮名店。餐厅以天然山泉水、优质大米为原料，由专业厨师制作的山泉水粥以及炒面、肠粉皇等特色美食被广东烹饪协会评定为“广东名小吃”，深受欢迎。和盛粥庄出品的肠粉皇源自广东地方风味美食，选用优质大米由专业厨师制作而成。肠粉皇具有“白如雪、薄如纸、油光闪亮、香滑可口”的特点，当蒸熟的肠粉端上桌时，一股香

和盛粥庄

气扑鼻而来，细细品尝，滋味十足，香浓而不腻，颇受食客的青睐。肠粉皇有鲜虾仁蛋肠、牛肉肠、叉烧肠等 10 多个品种，经久畅销。特色炒面选用精制蛋面为主要材料，配料有蛋丝、红萝卜、芽菜、葱花等多种，炒面松散柔韧、色泽翠黄、皮质爽滑、面味浓郁、色香诱人，爽口而不油腻。

山泉水粥底火锅

创始人罗昊先生，长期以来专心研究传统美食与现代养生食疗的最佳结合，把源自顺德的“粥底火锅”发挥得淋漓尽致。山泉水粥底火锅

以天然山泉水以及优质大米为原料，用熟练的厨艺熬制而成。粥香四溢，看上去比其他水质熬制的粥更加雪白，入口绵滑清甜、甘香可口、粥味十足。极具特色、不含味精的粥底，加上天然、绿色、健康、营养的配涮品，别有一番滋味。

山泉水粥底火锅

和盛粥庄

地址：江门鹤山市沙坪镇新鹤路 173–175 号

五、特色面食小吃：陈福黎外海竹升面

陈福黎外海面的手工制作技艺从清朝末年起已在广东江门盛行，流

陈福黎外海面店

传至今，有着至少100年的历史。据史料记载，早在20世纪20年代，当地的摊贩就流行挑着担子、边走边敲着竹板叫卖，当时的流动面担商贩，穿街过巷时敲击着两块竹板，发出的“笃得”之声不绝于耳，吸引邻里。陈福黎是土生土长的外海人，自小学会制作外海面，并开设了外海面的手工作坊。20世纪60年代，他开始向外开拓外海面市场。1985年，陈福黎创建了江海区黎记米面制品厂。在他的精心经营之下，公司规模日益壮大，后又开设陈福黎外海面门店。外海面以其制作精细和风味独特而闻名，成为江门一种独具特色的传统食品，在珠江三角洲地区也有一定的知名度。2007年，外海面制作工艺成为第一批江门市级非物质文化遗产。

鲜虾云吞面

使用传统的和面方式将鸭蛋和面粉充分糅合成面团，巧妙运用人体重力与弹跳力结合毛竹均匀碾压面团，让面团受力均匀，再用压薄的面皮来制作面条和云吞皮，这样压打出来的外海面吃起来爽脆弹牙，韧性十足。配上用猪骨、大地鱼、虾熬制3个小时以上的汤头，一碗鲜美无比的云吞面，就成了岭南人的最爱。鲜虾云吞面汤色浓白，虾仁弹牙，搭配鲜肉鲜甜可口。

鲜虾云吞面

陈福黎外海面店

地址：江门市育德街20号

肇庆美食

六、端州大酒店

端州大酒店始创于1980年，在秉承传统粤菜精华的基础上，推出一系列富含西江特色的美味佳肴，深受广大食客青睐。其菜式新颖，秉承西江菜肴特色的同时不断融合创新，灵活运用地方特色，弘扬岭南饮食文化精神。

推荐菜品有一鼎甲天下、金沙虾拼鱼线、宝月荷香、羚峡渔香、七星剑花炖水鸭、芙蓉煎裹王、陈皮焗西江钳等。金沙虾拼鱼线，精选素有淡水虾王之称的罗氏虾，肉质鲜甜，壳薄体肥，拌上蒜末、面包糠脆炸而成，肉质香滑鲜甜，金黄酥脆的外壳散发着浓郁的虾味，而鱼线用鲮鱼肉起片，打蓉拌粉制成，纯手工打造，厚薄均匀，搭配虫草花、瓜类等小炒，可在品尝鱼线时回味鱼肉的清甜鲜滑；陈皮焗西江钳，选用肉质细嫩鲜美、骨少而体积大的西江钳鱼，加入陈皮，用特别炉具调节适当的温度加热致熟，鱼肉的鲜甜、回味甘润，肉质细腻、香滑爽嫩，扑面而来的鲜香连绵不断。

杏花脆香鸡

端州大酒店选用自养杏花鸡，骨小酥脆、皮薄肉嫩、鸡味浓郁，采用传统的浸熟法制作，较好地保留了营养，鸡肉吸收了高汤的味道而略显清甜，吃起来爽滑鲜嫩。

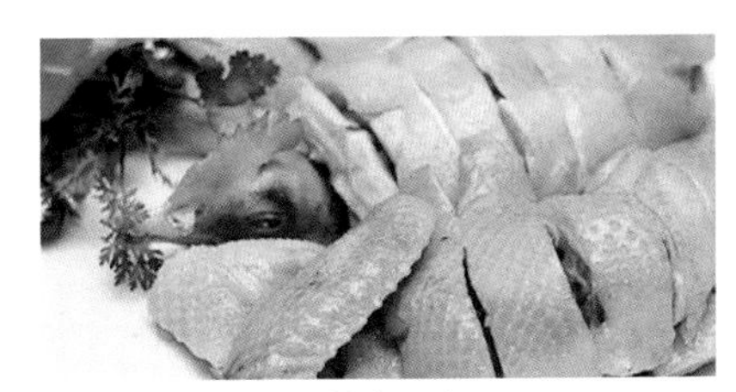

杏花脆香鸡

罗董牛肉

罗董牛肉

肇庆罗董的牛肉干做法简单，却与一般的牛肉干大不相同。每年的11月，罗董人就开始忙着制作黄牛肉干，纯天然制作，悬在自家的屋檐下，不用烟熏火烧，在凛冽的北风中自然风干。食用时只需把制好的牛肉干加入姜、葱炒香即可，鲜韧味美，齿颊留香。

端州大酒店
地址：肇庆市端州区端州五路2号

七、世纪渔港

世纪渔港成立于2003年，坐落于国家AAAAA级景区七星湖畔，依山傍水，风景秀丽。世纪渔港占地1.8万平方米，属于园林建筑，装饰高雅古朴，是一家演绎餐饮文化新概念的海鲜潮流酒家，以经营粤菜、海鲜、西江河鲜为主。

（新）世纪渔港

推荐菜品有黑豆腐煲、西江野生钳鱼、烧鹅、紫薯蛋挞、脆皮猪肘、杞子蒸鳄鱼肉、清蒸和顺鱼等。西江野生钳鱼用蒜焖烧，肉质嫩滑；霸王花煲猪脚，选用肇庆特产剑花，汤好料足；招牌珊瑚鸡，选用肇庆封开杏花鸡，皮薄肉嫩，滑而不腻；烧鹅皮脆肉嫩、肥而不腻。

毛蟹鸡煲

精选生猛毛蟹，蟹身圆爪短、黄毛金爪，与鸡同煲。上桌时，一揭盖香气便袭来，汤味醇厚香浓，鸡肉滑嫩爽口，蟹肉新鲜香甜。

毛蟹鸡煲

世纪渔港

地址：肇庆市星湖大道西侧（广播电视大楼对面）

八、素食天下之鼎湖上素：庆云寺斋馆

庆云寺位于广东省肇庆市鼎湖区鼎湖山的天溪山谷中，始建于明崇祯九年(1636)，四周峰峦环抱，如瓣瓣莲花，因此庆云寺被冠上“莲花寇”的美称，是岭南四大名刹之一。庆云寺斋馆位于大雄宝殿旁，原是寺内的食堂。据《鼎湖文史》介绍，鼎湖上素由庆云寺一位老和尚首创于明万历年间，后经僧厨不断改进，日臻完美，成为上等素斋。清末慈禧太后品尝鼎湖上素后十分高兴，下旨把鼎湖上素归入满汉全席，鼎湖上素成为满汉全席的一道名菜，也成了鼎湖山庆云寺的招牌斋菜。从明朝至今，鼎湖上素一直保持着最传统的做法。庆云寺斋馆主打素菜，采用鼎湖山泉水以及天然食材制作菜肴，高仿荤菜让人难辨真假。

推荐菜品有鼎湖上素、茶树菇、素三鲜、面筋、佛光普照、香芋煲、佛门四宝、庆云一品煲、油面筋炒黄瓜、炒鲜百合、斋烧鹅、山水豆腐、罗汉斋。

鼎湖上素

肇庆地区汉族传统名菜之一。相传，明万历年间，广东肇庆鼎湖山庆云寺的一位老和尚，以银耳、冬菇、草菇、蘑菇、雪耳、木耳、榆耳、云耳、砂耳、桂花耳、黄花菜、粉丝等素菜为主料，用鼎湖山泉水泡制而成。鼎湖上素的烹饪技巧以蒸为主，口味清淡，食时鲜嫩滑爽、清香四溢，乃素菜上品。此斋菜色泽鲜艳，芳香扑鼻，令人倍感甘香脆口、爽滑鲜甜。

鼎湖上素

庆云寺斋馆

地址：肇庆市鼎湖区鼎湖山庆云寺大雄宝殿侧

九、肇庆特色美食

裹蒸

裹蒸是肇庆地区著名的传统特产，也是历史悠久的春节食物，虽形似粽子，但当地无人称其为粽子。20 世纪 80 年代，每逢春节前夕，绝大多数肇庆家庭都砌起炉灶，张罗着包裹蒸。裹蒸发展至今，除民间制作外，已进入专业化生产阶段。肇庆市裹香皇食品有限公司坐落于联合国自然保护区鼎湖山脚下，占地 20 余亩（约 1.3 万平方米），是肇庆市专业制作裹蒸的企业。该公司将传统的工艺与现代的技术结合起来，出品的裹蒸口味地道纯正，深受市场消费者和行业内人士的认可。肇庆裹蒸的传统工艺包括浸洗冬叶、淘洗糯米、去绿豆衣、腌制肉馅、包扎裹蒸、烧煮裹蒸等。腌制肉馅的五香调味料是用适量的精盐、曲酒、花生油、白芝麻和五香粉等调配而成的，直接影响裹蒸的味道。裹蒸有多种吃法，既可以煮好后直接食用，也可以加入切碎的芫荽、葱、炒香的芝麻粉以及适量花生油和酱油，还可以蘸上蛋浆后用猪油煎至金黄再食用。

裹蒸

裹香皇食品有限公司
地址：肇庆市鼎湖区（坑口）新城38区

山水豆腐花

山水豆腐花是肇庆的一道传统小吃甜品。鼎湖山上有不少卖豆腐花的地方，只是庆云寺正门前简单的路边摊生意却很好。推荐山水豆腐花，因豆腐花嫩滑，清甜可口，有股淡淡的姜味。豆腐花采用传统石磨磨黄豆的方法，纯手工磨豆煮浆，浓郁的豆香飘散出来，三四勺豆腐花配上简单的几勺白砂糖，鲜嫩爽滑、豆香浓郁，一碗下肚，暑气全消，让人直呼过瘾。“山水”二字，强调水的来源，鼎湖山泉水清冽甘甜，做出来的豆腐花香滑爽口，在炎热的夏天，来一碗清凉爽滑的山水豆腐花，真可谓是一大享受。

山水豆腐花

地址：肇庆市鼎湖区鼎湖山庆云寺门前铺头

PART 8

来自全国的特色美食

潮汕美食

潮汕菜，也称潮州菜，简称潮菜。潮汕环山面海的地理环境、丰富的物产和潮汕人独特的文化基因，使潮菜在用料、烹调技艺、味韵、内涵以及创新精神等方面表现出自己固有的特质。

第一是用料广博，堪称大俗大雅。一方面，潮汕俗语“坐书斋，哈烧茶（喝热茶，作者注），鲍鱼猪肉鸡，海参龙虾蟹”，透露出潮汕人日常饮食中丰富的食材主料；另一方面，番薯、芋头也可以烹制成美味、美形、美意的“金玉满堂”，就连番薯叶也被制作成精美绝伦的“太极羹”（潮菜名菜：护国菜），高登大雅之堂。

第二是技艺超然，堪称大精大拙。潮菜享有“功夫菜”之誉，刀工、烹制都很考究，技法多达数十种，然而，最美味的食物的烹调，往往又是最简单的。用汤“烫”灼，是潮菜之经典，潮菜最讲究的是汤水，堪称食不离汤，食客戏称吃潮菜为“水饱”，而汤则由多种原料经复杂程序“煲”制而成。烹时又必拙，食材无论贵贱，从草鱼生到响螺片，皆以“汤灼”为尚，鲜活、高档食材更是如此，以求其活力神采。

第三是追求意蕴，堪称大真大美。美食界早有“食广州味潮汕”的说法。潮菜不仅仅要达到“色、香、味”的基本标准，更追求“真、厚、高”的意蕴境界。味淡乃“真”，“制”而韵“厚”，（雅俗）兼济至“高”，正如袁枚所说：“清鲜者，真味出而俗尘无之谓也”。出品追求本真，调味则改由上桌后的“蘸料”控制，一菜一酱或一菜多酱，任由食客随心、随情、随时、随景选择。潮菜的调味料“酱碟”五花八门，流淌着“私厨”文化的血液，不仅仅表达了物与物的味道关系，由于把象征着一桌菜主权的调味权从厨师还给了真正的主人——食客，更是体现了潮菜的人文关怀，堪称饮食文化典范。

第四是以人为本，大中大和。潮汕人尊崇儒、道文化传统，潮菜无处不彰显着“中庸之道、阴阳和合”的思想和底蕴，“药食同源”“医食同源”是潮菜根深蒂固的养生观。潮菜讲究顺应四时，遵循天地机理，应时令而食，追求天人合一，养生健身。一桌菜或一道菜，都要注重“咸、甜、苦、辛”取其“甘”，“寒、凉、热、燥”取其“和”，春夏助阳消火、秋冬润敛去燥，从虫草水鸭到橄榄猪肺，时令药膳是常规菜单。同时，潮菜注重以人为本、量人配菜，潮菜酒楼点菜必问人数，按照食客性别、年龄、喜好和身体状况配制菜单，或扶正去邪、或补缺调理，甚至助疗祛病，“将理性的医理有机而不露痕迹地植入感性的美味佳肴”。让食客在大快朵颐之际达到阴阳和谐、养生健身之效，这是潮菜所追求的更高境界。此外，潮菜席间必配功夫茶，每道菜之间奉茶清口隔味，充满贵族气质；喜宴寿宴必以甜品开场和结束，表达“头甜尾甜”的幸福人生观。

第五是发展创新，堪称大开大合。潮汕人喜欢说潮菜“无谱”，讲的不仅是潮菜搭配和制作的灵活和个性化，更是潮菜的开放和无边界化。明末邑人林熙春《感时诗》中的“法酝必从吴浙至，珍馐每自海洋来”记载了潮菜的开放和兼容，潮菜中著名的牛肉丸必配的沙茶酱，却是东南亚的舶来品。潮汕人的世界性交流和潮菜在世界范围内的蓬勃发展，促使潮菜在传统和创新之间形成了开放和时尚的精神，不论国内菜系、东南亚风味还是欧美西餐，从食材到技法，潮菜都兼容并包，保持了日新月异的发展态势，形成了潮菜可持续发展的“文化软实力”。

一、八合里海记牛肉店

2008 年，被誉为潮汕牛肉火锅品类“标准”制定者的林海平，在汕头老市区一条叫八合里的小巷开起了海记牛肉店，不到一年，其好品质、

八合里海记牛肉店

好口碑便在汕头传开，还引来了香港亚洲卫视（本港台）的关注和报道。2011 年，该店登上亚洲最具影响力之一的美食杂志《美食与美酒》。2012 年，登上了《三联生活周刊》，应邀参加央视节目《舌尖上的中国》和《味道》的录制，开始享誉全国。2014 年，林海平决心让潮汕牛肉火锅走出潮汕，走向全国，立志做潮汕味觉的传播者，于是他在深圳南园路开设第一家分店。此后，以大约平均每个月开 3 家店的速度，在全国开出 100 多家连锁店。如今，八合里海记牛肉店不仅成为普通大众的“每周打卡店”，更征服了众多美食家、名流的味蕾；吸引了热门综艺节目《十二道锋味》中的谢霆锋亲自跑来学厨；在《天天向上》的火锅比拼中脱颖而出，一举夺得“火锅霸中霸”的荣誉；还是《风味原产地》等知名美食纪录片的取景地。

牛肉火锅

潮汕牛肉火锅锅底味道清淡，汤底没有过多的材料，一般都是清水锅底或者牛骨汤底，适合所有人吃。牛肉火锅的精髓就是牛肉，只选择年龄在 3～4 岁、重 400～500 千克，肉质鲜嫩、味道鲜美的母黄牛，这样的母牛口感刚好，既保留了嫩，又略有些韧性，特别适合涮火锅。牛

牛肉火锅

肉讲究一个“鲜”字，八合里海记牛肉店的牛肉从宰杀到上桌，严格控制在3小时以内，每天早、中、晚分3趟送肉到店，甚至在到店时牛肉还在颤抖。牛肉新鲜，没有冷冻过，吃起来口感鲜嫩，顺滑爽口。10种不同部位的牛肉需使用10种不同的刀法，才能切出薄厚适中、肥瘦相嵌、肥而不腻的牛肉。每头牛只选取37%的肉并且按照部位售卖，以确保食客能尝到口感最佳的牛肉。除了牛肉之外还有炸腐竹、金针菇、各类青菜。当然潮汕美食都还有一个重要的伴侣，那就是蘸料。店家会用一个小小的碗装着蒜蓉、葱末、辣椒末、沙茶酱等供食客选用，林海平秘制的沙茶酱，在保留传统之余更加符合现代人的口味，与新鲜的牛肉，简直是绝配。火锅一上锅，水开、下肉，三起三涮，蘸点特制沙茶酱，哧溜一声，一气呵成，美味滑过舌尖、跃入喉咙，柔嫩鲜美，味道妙不可言，让人特别满足。

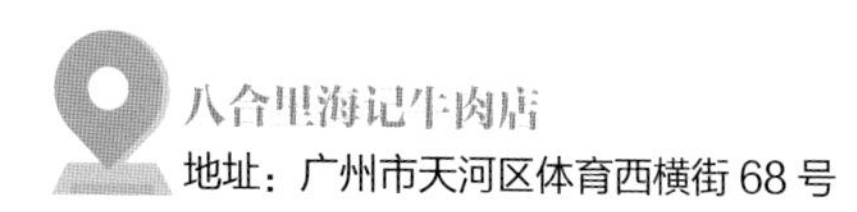

八合里海记牛肉店

地址：广州市天河区体育西横街68号

二、金成潮州酒楼

潮汕美食声名远播，在广州的代表之一就是创业于1990年，被誉为“金品天成”潮汕味道的金成潮州酒楼。董事长罗钦盛始终站在行业高度，自觉担当“发扬潮菜饮食文化，致力潮菜事业发展”的责任和使命，一直引领着潮菜行业健康发展。金成潮州酒楼得到国际名厨杨贯一先生“品味潮州菜，金成第一家”的高度赞许，在广大食客心目中树立了潮菜“最经济实惠”的品牌形象。金成潮州酒楼开创了“潮州打冷”、驰名卤水、生猛海鲜等特色菜品系列。名菜有金成极品大花胶、红肉米焗南美参、八宝猪骨丸、炸普宁豆干、金成麦包、卤水全鹅、原只大鹅掌等。

三十年如一日，三十年守一味。如今金成已经成为拥有5家大型潮菜酒楼的餐饮集团企业，在行业内率先通过ISO 9001、ISO 14000、ISO 22000、OHSAS 18001等体系认证；先后荣获国家（五钻）特级酒家、中国（5A）绿色饭店、广东省食品安全A级单位、广东省餐饮百强企业、广东餐饮30年杰出品牌企业等殊荣；成为广交会、第16届亚运会、第10届亚残会等指定供餐单位。

金成潮州酒楼

潮汕老鹅头

潮汕狮头鹅，体形硕大、躯似方形、颈粗蹼阔，其头部异常发达，形成一个向前方突出的巨型肉瘤，位于喙的上方，威风凛凛，可称其为鹅世界里优雅雄壮的帅哥王子。成年公鹅体重可达10多千克，母鹅也可达8.5千克；平均肥肝重可达0.6～0.75千克；鹅蛋可达0.22千克，堪称“世界鹅王”。在潮汕，“无鹅不成席”。潮菜中最具影响力和最传神的“头菜”级作品之一当数卤鹅（卤水、卤味）了。潮汕卤鹅，除了选鹅、育鹅等重要环节，卤料配制及制作流程都是成功的关键。金成潮州酒楼的卤料除了常规的老抽、生抽、料酒、白糖等，还有自己独特的配方，那是一个包括八角、花椒、桂皮、小茴、丁香、砂仁、香叶、罗汉果、蒜头、鲜芫荽头或干芫荽籽等不少于15味的一个卤料“药包”。经过繁复考究的制作工艺流程，只为呈现美味。卤水之王非“老鹅头”莫属，金成潮州酒楼的卤水老鹅头精选汕头澄海2～6年的育种老鹅精心卤制。老鹅饱经沧桑，肉质胶韧，特别是头和脖子部分，醇厚坚实、回香无穷，为美食家所神往。老鹅头上桌也必须隆重、讲究——晾干后斩件或切片摆好“阵仗”，配上至少两种蘸料：一是原汤调制的浓香卤汁，二是去油腻的酸爽蒜蓉醋。

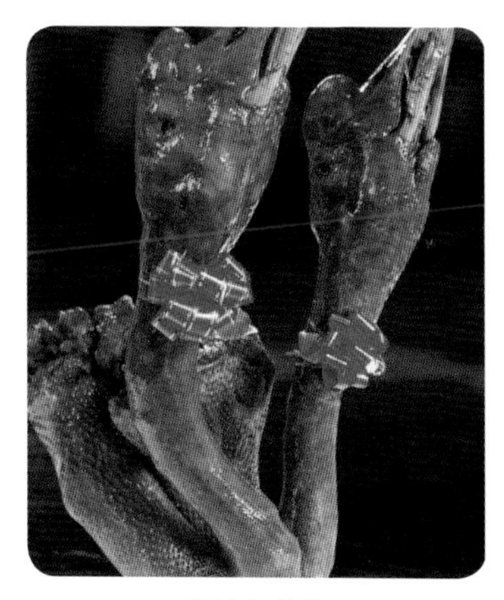

潮汕老鹅头

炸普宁豆干

炸普宁豆干是潮汕著名美食之一，其形状“有表有里”：外表好似黄金盔甲，阳刚威武、酥韧兼济、香气澎湃；内里则层层叠叠、洁白玉润，看似文静娇嫩、柔若处子，内心却滚烫奔腾，倘若心急鲁莽吞下，一定烫得人大叫乱跳。其被誉为潮汕著名美食，原因有二：一是原料中加入了适量的薯粉，所以又叫薯粉豆干，这是油炸后可以皮肉“分离”、看起来像“金包银”，吃起来外酥里嫩的原因；二是原料中加入气味芳香的黄栀，黄栀有清热、泻火、凉血的药效，又是天然食用黄色素，所以普宁豆干有特殊的香气和漂亮的黄色，而且油炸也并不太“上火”。正宗的炸普宁豆干用大锅深油，炸到豆干鼓起，然后横竖两刀切成4小方块（而非先切成4小块再油炸）。金成潮州酒楼的炸普宁豆干每天都由普宁当地专人制作并直接送到广州。炸普宁豆干的标准蘸料是盐水韭菜末，据说其与油炸豆干相配有“水火相息”之妙，金成潮州酒楼的炸普宁豆干还多配一种清咸的潮汕辣椒酱和一碟普宁红糖，共3碟配料，任由客人点蘸，调味更加细腻，也更显精致庄重。

炸普宁豆干

八宝猪骨丸

这是金成潮州酒楼首创的天然高钙猪骨丸，是追求绿色低碳餐饮的经典代表。餐饮业每天都产生大量的厨房垃圾，成为环境生态的负担，其中单猪骨就在厨房垃圾中占很大的比例。如何变废为宝，是罗钦盛经常思考的事情。他反复探索实践，聘请北京营养专家一起精心研制，采用德国先进设备，创制出八宝猪骨丸，其是将生态农家生猪骨制作成骨泥，加入新鲜土猪肉和菜茎野菌4种食材，利

八宝猪骨丸

用潮汕传统的肉丸（饼）制作工艺精制而成。骨泥食品被营养学家誉为“21 世纪的新型功能性食品”，鲜骨泥含有丰富的胶质蛋白、磷脂质、磷蛋白、多种氨基酸，尤其是矿物质钙、磷的含量丰富，其中钙是猪肉的 650 倍、牛奶的 38 倍，铁是猪肉的 4 倍、牛奶的 20 倍，铜和锌是猪肉和牛奶的 3～13 倍。骨泥中钙、磷的含量比为 1.9：1，骨钙被人体吸收率可高达 70%。金成潮州酒楼用猪骨泥肉制作的创新型丸类产品，肉味香甜、脆爽舒张，弹性不亚于牛肉丸。

金成潮州酒楼

地址：广州市海珠区新滘中路 9 号土华村路口

三、春梅里鹅肉店

春梅里鹅肉店于 1977 年在汕头春梅里巷开业，大家都叫它“春梅里”。2017 年终于在深圳福田区 CBD 的购物公园开设了第一家春梅里鹅

春梅里鹅肉店

肉店分店。卤鹅是镇店招牌，潮汕卤鹅一定要用狮头鹅制作。每一块鹅肉都是皮肉相连，带一层薄薄的鹅脂，咬一口唇齿间留下鹅油淡淡的香气。为了保证狮头鹅的品质，老板在澄海开了家鹅场，养了4000～5000只狮头鹅，每天从鹅场直接送鹅到店里。卤鹅用的香料包很讲究，里面有10多种香料。卤鹅的时候要用中火煮沸卤水，把鹅放进卤水盆中，浸煮1小时以上，一边煮还要一边把鹅翻转数次，直至鹅充分入味、熟透。斩件摆盘后，将店内自制的“灵魂”汤汁浇在鹅肉上面，浓稠的汤汁裹住每一块肉而不会渗进肉里，不会破坏肉的鲜嫩口感，同时能感受“灵魂”汤汁和鲜嫩鹅肉给味蕾带来的双重体验。

第一次吃卤鹅点一个鹅满堂足矣，这一盘提供了8种享受——掌、翅、肝、胗、脖、头、蛋、血；必点鹅肉小炒皇，镬气十足，里面除了有鹅肉还有鱿鱼和脆片，吃起来口感很好；鹅肠有两种做法——卤水和豉油，其中豉油鹅肠处理得很干净，肥瘦适中，吃起来不但爽脆，而且很入味；功夫炖汤，用茶壶装的炖汤，味道极佳，汤味浓郁。

鹅满堂

鹅满堂为必点菜式，一次性解锁8种味道，从鹅头到鹅肉，集齐鹅的8个部位。春梅里鹅肉店上鹅肉的方式很特别，是用篮子拿上来的，整整一大碟的鹅满堂，分量十足。鹅蛋个头巨大；鹅肝非常粉嫩，很软很厚，口感细嫩。

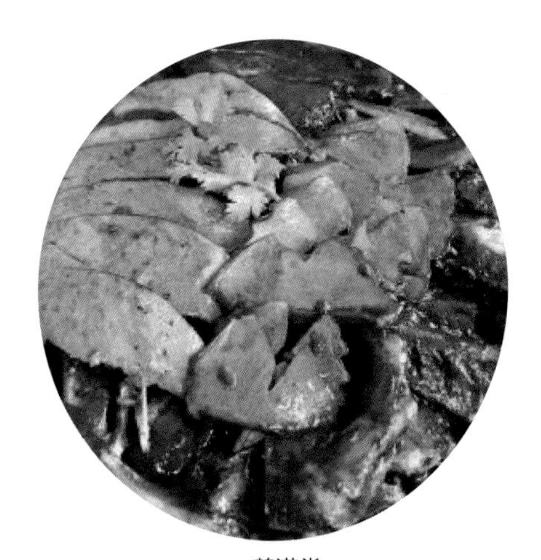

鹅满堂

春梅里鹅肉店

地址：深圳市福田区福华一路购物公园北区117-2号

川渝美食

四川·戏曲表演

川菜发源于我国古代的巴蜀之地，其饮食文化的发展依赖于得天独厚的自然条件，巴蜀境内江河纵横，烹饪原料丰富。据史学家考证，古代巴蜀人早就有“尚滋味”“好辛香”的饮食习俗，因而造就了一大批精于烹饪的专门人才，使川菜烹饪技艺世代相传、长盛不衰。巴蜀美食取材广泛、味道多变、菜式多样，口味清鲜与醇厚并重，以善用麻辣著称，辅以花椒、辣椒等，并以别具一格的烹调方法和浓郁的地方风味享誉海内外。

四、胡桃里音乐酒馆

创建于 2014 年的胡桃里原先是合纵文化集团的一个食堂，因为经常被旗下艺人当成排练的地方，饭点依旧在唱歌，所以让前往就餐的人感觉好像去了音乐餐厅一样。于是合纵文化集团董事长李华宾做了一个决定，创建一个可以边吃饭边听歌的餐厅——胡桃里音乐酒馆。其采用新型的经营模式，把餐厅、咖啡馆、酒吧三者合为一体；填饱肚子的同时还能喝上一杯香醇的咖啡、一杯小酒，听上一首美妙的歌曲，何乐而不为。胡桃里音乐酒馆打破传统，全时段运营，营业时间从上午 11：00 开始，除了为顾客提供午餐外，还提供下午茶，下午的时间段，胡桃里音乐酒馆会定期举办读书会、摄影展等特色文艺活动，吸引喜欢文艺的朋友到这里来互相交流，同时增加餐厅的客流量。而胡桃里音乐酒馆所有的葡萄酒均获 Robert Parker 评分 90 分以上的国际权威评酒认证，并且大多由法国及西班牙百大酒庄直供。胡桃里音乐酒馆的菜品以小清新川菜

胡桃里音乐酒馆

为主，以精致考究的国际美食为辅，其中胡桃里音乐酒馆的四川酱料为自主研发，鲜香调和麻辣、新潮碰撞传统，无论你想吃国内还是想吃国外经典美味，胡桃里音乐酒馆都能满足。

特调鸡尾酒

胡桃里音乐酒馆的鸡尾酒款式多样，每一款都有惊喜。由白朗姆酒与青柠混合而成的“莫吉托鸡尾酒”，味道青涩又有些甜蜜；“蓝色夏威夷”散发着椰子和果汁香味，色泽蔚蓝，只喝上一口便仿若置身于蔚蓝大海边，充满了度假风情；网红“红唇”，色调鲜红，是店内女性的特调饮品，酒杯外面包裹着玫瑰花瓣和白砂糖，喝的时候嘴唇先碰到白糖，鼻尖嗅着玫瑰花的香味，最后喝到酸甜适宜的调酒，浪漫至极。

胡桃里烤鸡

招牌菜式烤鸡创意十足，采用鸟笼这样另类的上菜方式。打开笼子一瞬间，便可看到烤鸡全貌。将芝麻粉均匀撒在烤鸡上，再用木槌巧劲捶打后食用，烤鸡外皮酥脆，鸡肉细嫩肥美，香气扑鼻。

胡桃里烤鸡

胡桃里音乐酒馆

地址：广州市天河区天河路518号闲鱼创客美食港1层（天河电脑城旁）

五、禄鼎记

禄鼎记作为广州最火的川菜餐厅，从2012年开业第一天开始就要排队，创造了开一家店火一家的惊人成绩。店面的设计选用中国传统的财神图案作为背景并运用中国红，同时融合了许多现代的元素。红、白色是店内的主色调，尤其是大量红色的运用，搭配上店中的麻辣菜品和音乐，用视觉、听觉和味觉一起给人留下深刻的印象。禄鼎记主打创意香辣干锅、创意辣酸菜鲈鱼等独创川菜，新古典宫廷秘制配方颠覆了传统川菜的做法，不用回锅油，菜式干净清亮，符合广州人追求健康饮食的理念。禄鼎记的招牌酸菜鱼以及香辣系列最具人气；花茶也是许多人的心头好，阵阵清香掺杂着冰糖的甜味；招牌甜品“红白”，红色的凉粉配上奶味十足的淡奶，口感鲜嫩爽口，用来中和香辣的味道再合适不过了。

禄鼎记

招牌酸菜鱼

招牌酸菜鱼桌桌必点。鲈鱼片无骨，经过红薯粉的腌制，肉质嫩滑。汤底酸中带辣，味道刚刚好，待鱼片吃完后，汤里的酸菜早已入味，可以就着米饭吃。

招牌酸菜鱼

禄鼎记

地址：广州市越秀区建设六马路 1 号誉海食街 3 层

六、缪氏川菜

缪氏川菜

“缪氏”的历史已逾百年。明末清初，缪氏的祖先从广东迁往四川，在川中丘陵定居。19世纪中叶，缪氏家族涉足饮食业，在川中大镇龙会开设酒馆食肆；20世纪初，缪氏进入富甲一方的盐都自贡；中华人民共和国成立后经过30多年的沉寂，缪氏后裔于20世纪80年代末重整旗鼓，南下海南岛，在海口开立第一间川菜餐厅，餐厅经过十几年的发展，成为初具规模的川菜名店。餐厅以明清建筑风格设计，古典大气、雕梁画栋，更摆有独家收藏的明清古董家具。金碧辉煌的琉璃瓦屋脊显现出皇宫般的气派，精美的明清木雕艺术珍品遍布每个角落，精致的名家书画衬托出高雅的文化气氛。餐厅中心设有一处小型戏台，食客不仅能边吃饭边看川剧表演，还能看到各式民间传统艺术，如京剧变脸、滚灯、皮影戏和吐火等。“缪氏”的菜品发源于四川腹地，与川菜的发展一脉相承。缪氏川菜将传统与现代相结合，既保留缪氏家传的制作手艺，又借鉴现代川菜的创新方法，餐厅出品不仅可口，而且在色泽及造型方面也有独到之处。

“缪氏”招牌畅销菜式之一的金鼎螺蛳鸡，是田螺和鸡肉的绝妙组合，麻辣鲜香，香嫩入味；餐厅自制自贡富顺豆花，工艺考究，慢慢用卤水点出豆花，再压出水分，每一块都充满了浓浓的大豆香味，蘸一点辣酱，每一口都是惊喜；招牌菜式之一的缪氏民间鲩鱼，鱼肉厚、刺少，看起来油但是吃起来却不腻。另外还有缪氏民间鱼、巴蜀老坛子、夫妻肺片，经典美味不容错过。

江湖毛血旺

既是川菜代表作，也是缪氏川菜的镇店之宝。鸭血、毛肚、火腿肉……各色食材充盈一锅，“麻”和“辣”在这些食材中达到了平衡。

江湖毛血旺

鼎锅黄豆焖鹅

精选四川大山里养殖的大鹅，经过猛火翻炒和焖煮而入味，鹅肉吃起来爽滑鲜嫩、香辣无比，好不过瘾。

鼎锅黄豆焖鹅

酸菜鱼

酸菜鱼也称为酸汤鱼，是一道源自重庆的经典菜品，以其特有的调味和独特的烹调技法而著称。4 小时熬制的高汤，加上细腻滑口的鱼肉，口感紧实而入味，鲜嫩丝滑。辣椒与酸菜刺激味蕾，酸辣开胃，滋味无穷。

酸菜鱼

缪氏川菜

地址：深圳市福田区车公庙泰然四路 103 号

七、渝味晓宇

重庆渝味晓宇餐饮文化管理有限公司创立于2013年，曾用名为重庆晓宇火锅。1995年，张平和妻子熊孝禹，在重庆枇杷山正街开启事业的第一步——麻辣烫；1995年改成4张桌子的小店——晓宇火锅；2014年晓宇火锅作为重庆火锅的代表登上《舌尖上的中国2》，随后公司进入高速增长期，品牌正式更名为“渝味晓宇”。渝味晓宇坚持精选原产地材料，不添加香料。创始人张平苦心寻觅食材，以石柱辣椒、汉源花椒、河北牛油等5种优质食材炒制一锅地道的火锅底料。一锅好料麻辣鲜香不留味，牛油醇厚不上火，辣椒辣口不辣胃。2018年渝味晓宇投资3 000多万元建设的食品加工工厂，生产线完全以“火锅炒料非遗传承人”张平的13道炒制工序进行设计，实现了全自动工业化作业，是集炒制、灌装和包装于一体的大型现代化生产中心。渝味晓宇独创底料醇化焖制工艺，精心复刻还原传统重庆老火锅的醇厚味道。创始人张平10多年来对重庆火锅味道孜孜不倦的探寻，获得了重庆人的广泛认可，其公司先后荣获“重庆最正宗老火锅”“重庆最牛火锅”“重庆最受欢迎连锁品牌”“消费者最喜欢的重庆商业品牌”“中国名火锅”“极具影响力连锁品牌”“重

渝味晓宇

庆诚信连锁企业”“重庆十大正宗老火锅”“重庆名火锅”等称号。渝味晓宇火锅在2016年被中国饭店协会评为“中国十大火锅品牌”之一。

重庆火锅

火锅发源于川渝，如今遍布世界。底料是重庆火锅的“魂”，鲜活食材是渝味晓宇的“形”。渝味晓宇火锅的底料——海椒、花椒、辣椒、牛油、豆瓣等，都空运自重庆当地，还原最纯粹的味道。提前蒸好的无渣纯牛油融入了朝天椒、金阳青花椒、茂汶大红袍、豆瓣、豆豉、姜末等30多种材料，在特制的汤中慢慢融合。各种香气混合在一起，再涮上毛肚、秘制麻辣牛肉、肉丸等新鲜食材，好不过瘾。渝味晓宇的毛肚严选稻田水牛第三个胃的优质叶片空运到店，表面呈深灰色，叶片厚薄均匀，毛刺根根清晰挺立，吸饱鲜香的火锅底料，吃起来更过瘾；麻辣秘制牛肉采用特制的花椒、辣椒等10多种香料，配上鲜牛肉腌制而成，满满一盘盖着红艳艳香料的牛肉，十分美味；纯手工制作的香菇肉丸，肉质紧实，烫熟后能咬出汤汁，口感富有弹性；颜色鲜红的鸭血，煮熟后吃起来口感嫩滑；新鲜虾滑甄选北海清虾，加入高级鱼浆飞鱼子，富含胶原蛋白，口感细腻弹牙，滑润爆浆；大刀老肉，严选上等猪梅肉，一头猪仅选出10%的肉，刀工厚切老肉，富含筋膜、肉质紧实、嚼劲爽口。更有挂面鸭肠、鲜鱼片、鲜牛黄喉、菊花鸭胗等美味，数不胜数。

重庆火锅

渝味晓宇

地址：广州市海珠区赤岗北路118号四季天地2层

楚湘美食

湖北 · 黄鹤楼夜景

湖北又称为楚地，地大物博。根据各地区的食俗差异，湖北省可划分为鄂东、鄂西南、鄂西北及回族4个饮食风俗区。湖北以大米为主食，鱼肉鲜美，充分体现了“鱼米之乡”的美称。湖北喜食杂食，风味荟萃，口味以酸、甜、辣为主，风味小吃丰富。湖北著名风味菜点有清蒸武昌鱼、

湖南 · 橘子洲景区

鸡蓉架鱼肚、钟祥蟠龙、瓦罐煨鸡、菜薹炒腊肉、鸡泥桃花鱼、峡口明珠汤、鱼汆、热干面、三鲜豆皮、东坡饼、面窝等。

湖南菜，又叫湘菜，是中国历史悠久的八大菜系之一，早在汉朝就已经形成。湘菜以湘江流域、洞庭湖区和湘西山区三种地方风味为主。湘菜制作精细，用料比较广泛，口味多变，品种繁多；色泽上油重色浓，讲求实惠；味道上注重香辣、香鲜、软嫩；制法上以煨、炖、腊、蒸、炒诸法为主。官府湘菜以组庵湘菜为代表，如组庵豆腐、组庵鱼翅等；民间湘菜代表菜品有剁椒鱼头、辣椒炒肉、湘西外婆菜、吉首酸肉、牛肉粉、郴州鱼粉、东安鸡、金鱼戏莲、永州血鸭、腊味合蒸、姊妹团子 、宁乡口味蛇、岳阳姜辣蛇等。

八、襄荷餐厅

襄荷餐厅有号称最干净的小龙虾和全深圳只此一家的肉灌清水螺，还有各式各样融合各菜系优点的特色美食，餐厅的宗旨就是要做深圳人最爱吃的湖北菜餐厅。襄荷餐厅制作的是传统的襄阳菜，襄阳位于湖北北部，靠近中原地区，饮食风格受中原地区的影响，属于鄂北风味。荆楚地区的人嗜辣，与麻辣的川菜、猛辣的湘菜不同，楚菜讲究的是鲜辣。襄阳菜既有楚菜鲜辣的特点，又保持自己的风味，烹饪手法以蒸、煨、炸为主，尤喜菜上淋油。襄荷餐厅既继承与保留了襄阳与粤式美食所推崇的色、香、味、形，又大胆创新，融合不同菜系的特点，突出自身的优势。地道美食野菜炒地皮的野菜均选用湖北优质基地的马齿苋，地皮则来自湖北天然无污染的神农架地区的房县，当野菜与地皮相遇，加入少许的干辣椒，味道微辣，令人胃口大增。襄荷餐厅创办人的自创菜肴砂锅酸菜鲈鱼，白嫩细滑的鱼肉入口爽滑，酸酸的酸菜汁液在口中泛滥。

襄荷餐厅

肉灌清水螺

襄荷餐厅的特色菜肉灌清水螺，使用洞庭湖产出螺。尽管螺已经非常干净，但是为了彻底清洗干净，襄荷餐厅的厨师会将螺肉剔出并清洗干净，再放回螺壳中，并填上混合莲藕、马蹄的肉泥，既保证了螺壳和螺肉能完整地在一起，又能使肉泥不再油腻，螺也多了一道风味。

酸辣藕尖

襄荷餐厅招牌美食。藕尖精选自素有“鱼米之乡”之称的湖北境内，是连接藕节和嫩荷叶的茎，含水量大、口感松脆，是夏季蔬菜的首选，名副其实的时令菜，只产于初夏5—8月，食材珍贵。通过秘制的方式制作，口感更佳，让人回味无穷。

酸辣藕尖

襄荷餐厅

地址：深圳市南山区中心路2233号宝能太古城北区负2层NB235室

九、枫盛楼·汉正街一号

枫盛楼作为在广州及深圳地区颇具影响力的湖北地方特色餐饮品牌，始终秉承“从产地到餐桌”的餐饮理念，坚持做最地道、最原汁原味的湖北菜。为了将真正的湖北菜带到广州，枫盛楼·汉正街一号一直坚持从湖北当地运送食材到广州，力求在异乡也能做出最正宗、最地道的湖北菜。推荐菜品有热辣正宗的油焖大虾、肉味鲜美的荆沙野生甲鱼、鲜香爽辣的公安牛三鲜、鲜美难言的酥肉煮三鲜、肉质鲜嫩的松滋沲水大白刁等。2018年，枫盛楼·汉正街一号凭借招牌菜品洪湖野藕排骨汤荣获广州“美食地标”称号，入选为广州的首家湖北菜餐厅。

武汉珍珠丸子

家常桃花鸡

洪湖野藕排骨汤

洪湖野藕是藕中精品，有9个丰孔，丝多粉多。用洪湖野藕制作的汤品，极具地域特色，浓缩了荆楚美食文化的精华。精选肉厚的猪胸骨块，放入砂锅，水开后小火煨制1个小时，随后将新鲜野藕处理干

洪湖野藕排骨汤

净，切块放入汤中先猛火熬煮，滚开后小火煨制半小时即成。香甜又绵软的炖藕汤不急不缓地散发出浓郁的香气。

枫盛楼·汉正街一号

地址：广州市越秀区寺右新马路 2-18 号长城宾馆 2 层

十、佬麻雀

2017 年，一家名为“佬麻雀”的时尚湘菜馆出现在了广州餐饮界。“佬麻雀”源自湖南有名的俗语“洞庭湖的佬麻雀——见过几回大风浪”，它代表着睿智、坚毅和果敢，而这正是佬麻雀想要传递的精神。佬麻雀门店环境优雅，将亭台楼阁、小桥流水等洞庭风光搬入店内，并打造出一店一景。佬麻雀以河鲜、湖鲜菜肴作为主打，将豆浆与鱼、虾、贝融

佬麻雀

合成招牌菜，颠覆了湘菜“香辣、重油”的刻板印象，并去掉了紫苏叶、菜籽油、山胡椒油等广东食客难以接受的调料。佬麻雀注重还原食材本来的味道，菜品中的河鲜、湖鲜均从洞庭湖取材，做到真正的“敢为天下鲜”。食材精选洞庭湖的黄骨鱼、田螺、泥鳅和生长于沅江的禾花鱼、产自澧水的河虾，并与仙泉湖养殖基地合作，将“远道而来”的河鲜、湖鲜送去那里养殖半个月。目前，店内共有 4 款豆浆产品，除了当家招牌御品豆浆一锅鲜，还有豆浆鳜鱼一锅鲜、豆浆煮菜心、润春豆乳，这 4 款产品均受到食客的热烈追捧。火山石煎琥珀腊肉的做法借鉴西式的堂烹雪花牛肉，将腊肉片与辅料、调料及烧热的火山石一同走菜，先在石板上抹匀黄油，再放腊肉片煎香，最后撒少许辣椒粉调味；而吃法则参考了北京烤鸭，把煎好的腊肉片和黄瓜片放在面饼上卷起来，既能解腻，也中和了腊肉的咸味。干煸泥鳅干香微辣、皮脆骨酥。炭烤花猪肉鲜香多汁、油润不腻，吃起来非常过瘾。

御品豆浆一锅鲜

此菜“现杀、现煎、现煮、现食”，几乎将操作流程全部展现在客人面前——煎鱼、煮汤的流程被安排在明档，由专门的厨师负责，让食客在进入餐厅时就能感受到热火朝天、现点现做的氛围；将熬好的汤料与加热到 240℃的火山石一同走菜，上桌后将其倒入盛器，只需 7 秒，汤汁就开始欢快地沸腾冒泡。此菜汇集了禾花鱼、黄骨鱼、河虾、白贝、鱼丸 5 种食材，奶白色的豆浆鱼汤渗入其中，香气醇厚、鲜味十足。

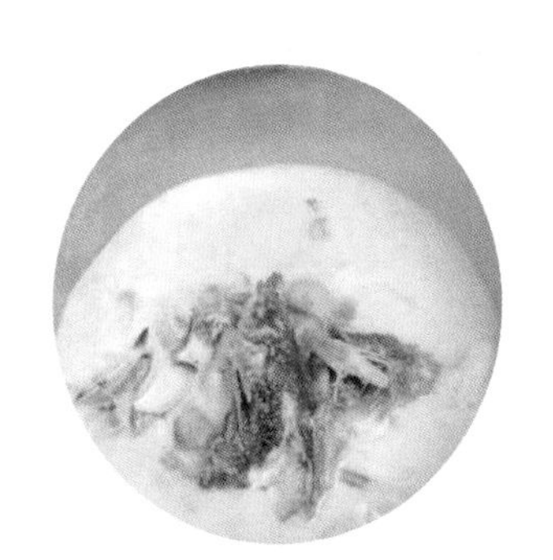
御品豆浆一锅鲜

佬麻雀

地址：广州市海珠区新港东路 1236 号万胜广场 4 层

十一、望湘园

望湘园成立于2002年6月，是一家专门经营中端精品湘菜的餐饮企业。公司秉承以“食”为尊的理念，在制作精品湘菜方面有独到的见解。望湘园在每一款菜肴的出品上都延续着湘菜原有的传统风味，并融入了适合广州及周边地区的复合式口味及创新做法，为满足广大顾客多样化的需求不懈努力。鸳鸯鱼头王，此菜甄选国家一级水体水库自然生长的2.5千克以上胖头鱼，胶质厚重，鱼肉丰腴细嫩，咸香微辣，诱人垂涎；古法姜辣猪手选用丹麦猪手，骨小肉厚，望湘园的独创做法融合了猪手和凤爪的双重极致口感，使其极具风味，香辣爽口；鲜紫苏跳跳蛙锅口感层次丰富，丝瓜、蛤蜊等原料也比较丰富；手打鱼丸鱼汤锅，经过手工捶打的鱼丸，味道纯正，保持原肉味，既有韧性又很爽脆，既有嚼头又不出渣。

望湘园

鸳鸯鱼头王

此菜是望湘园镇店之宝。原材料的鱼选自太湖，又大又鲜美，剁成两半后，分别铺上望湘园独家秘制的碎剁椒和碎酱椒，双味双拼，一鱼两吃，红的火辣、青的酸辣。剁椒鱼头最美味的地方自然是鱼唇和鱼脑，吃鱼头的技巧尽在一吸一嘣之间，鱼颈上的鱼肉，比豆腐还要滑嫩上百倍。吃完鱼头再吃搭配好的鸡蛋面，红艳艳的汤汁是鸡蛋面的完美配料，精华都在汤里面，面条浸透了剁椒鱼头里的辣汤汁之后，味道更佳。

鸳鸯鱼头王

望湘园（白云凯德店）

地址：广州市白云区云城南路 890 号凯德广场云尚第 4 层

江浙美食

浙江 · 西湖风光

江浙地区作为中国范围最大的富庶地区，各地的风味难以一概而论，从咸到甜、从臭到香，这里都有。但是谈起江浙的饮食口味，大抵都是甜的，因为以苏州、杭州为首的部分江浙城市，是中国为数不多的以甜口出名的美食城市。其实在苏南地区，甜口吃的是身份，因为在古代，糖一直都是稀有物质，只有贵族和富商才能大量采购，而苏南地区在长江地区被开发后就一直是中国的富庶之乡，对于富人来说，吃糖就是展示个人身份地位的一种途径，因此培养出了口味嗜甜的苏南人。但是以南京为核心的金陵菜、以淮扬为核心的淮扬菜和以徐州为核心的徐海菜，都并不以甜见长，他们秉承的是鲜。长江四大名旦（鲥鱼、鮰鱼、刀鱼、鲅鱼）、太湖三白（银鱼、白虾、白鱼）都是以吊鲜为烹调原则的鱼类，它们容不得被任何多余的调味品所污染，清蒸白灼才能让它们肉质鲜嫩、保留原汁原味，让每一个食客吃一口就能体验极致的鲜美。连绵起伏的山林、曲折的海岸线，让浙江人喜欢进山下海觅食，但是一旦不腌制，食材就会腐烂，所以腌制的火腿、鳗鲞都是这种文化的终极体现。在杭州，饮食上却有了另一番风味，苏东坡有诗云："慢火煮，少注水，火候足时它自美"，其研发的东坡肉至今还是江浙菜的代表之作。

十二、浙礼

浙礼创建于 2012 年，旗下有浙礼、花塘、锦礼三大品牌，深受广大食客的欢迎。浙江，简称"浙"，"礼"是由于传统风俗习惯而形成的人与人交往中的礼节仪式；人与人之间互赠的物品，是以示友好、表达祝福和心意的一种载体。这两个字融合在一起就是"浙礼"。浙礼是一家热情有礼、主打原汁原味江浙美食的餐厅，"精致、营养、快捷"是浙礼的服务理念。餐厅空间设计融合了吴越文化、海派文化，让顾客感受

浙礼

置身于江南水乡的用餐氛围。龙井绿的主色调看着很舒适，整个装修风格十分简约明了。浙礼醉心于江南菜的烹制，刀工考究、技艺纯熟，烹制出的菜肴鲜美嫩滑的同时保持食材的原汁原味。浙礼对出品精益求精，融汇百味又不拘于百味，将江南文化的温柔婉约、柔情似水传递给食客，将梦幻美妙的江南水乡端上桌面。浙礼菜式繁多，其中脆皮八宝鸭，鸭皮酥脆，鸭肉香嫩，内馅丰富，吃起来口感丰富。另外，传统生煎包、桂花糯米藕、传统糖醋里脊、杭州小排骨、浙礼冷面鸡、豆豉小黄鱼、开心酥皮虾都是值得推荐的。

桂花糯米藕

这道江南传统的中式甜点，是杭帮菜中不可缺少的一道。将糯米灌入莲藕中，让每一块莲藕更加软糯且不失清脆，软糯绵密的口感让人怀疑它不是莲藕，甜甜的滋味恰到好处，吃起来甜而不腻，让人越吃越上瘾。

桂花糯米藕

东坡扎肉

出自大美食家苏东坡之手的名菜，浙礼还原其最传统的做法，选用上好的五花肉，半肥半瘦，加以独家酱料烹制而成，完美地做到了肥而不腻、酥而不烂。肥肉入口即化，口感绵密，配上浓郁肉香，让人完全经不住它的诱惑。

东坡扎肉

浙礼

地址：深圳市福田区会展中心地铁站 B 出口连城新天地 B 区 25 铺

十三、南京大牌档

南京大牌档始创于1994年，是南京人展示独特菜系的古典饭店品牌，当然此“大牌档”非彼“大排档”，南京大牌档更加雅趣，色相更加诱人，味道也很地道。门店装修古色古香、典雅古朴，恍如置身于江南小阁、清末民初的茶楼酒肆，楹联灯幌满布，古装堂倌穿梭，大红灯笼高挂堂中，红木桌椅静置屋内，这一切显得更加雅致。它在秉承浓郁民俗风格的基础上，不断地创新和升华，青瓷碗碟、木制桌牌，一切都展现着古老金陵的气息。店内目前有数百种小食，田园时蔬，家常烹煮。南京大牌档的自创菜式，在保留金陵风味的基础上，又结合了苏锡菜、淮扬菜甚至川菜等风味，让人耳目一新。

推荐菜式有金陵烤鸭、老坛酱香肉、民国美龄粥、冰醉花雕龙虾、清炖狮子头等。古法甜芋苗是南京大牌档的特色菜，它是由糯米、红豆以及芋头等辅料做成，类似八宝粥，香甜熟软的芋苗、绛红浓稠的汤汁、馥郁的桂花香，让整个粥十分香甜，喝一小碗刚刚好；虾黄豆腐，选用地产小龙虾黄烹制而成，入口鲜香四溢；中华名小吃天王烤鸭包不同于

南京大牌档

寻常小笼包，肥美的金陵烤鸭与猪肉结合搅拌成馅，鲜美无比。

鸡汁长江白鱼

长江中下游的白鱼独占鳌头，用蔬菜料包和香料一同将新鲜长江白鱼先腌制后冷藏，这样使肉质更细腻，且充分去除腥味。“鸡汁”即老母鸡油，增添香味的同时又能提升口感。白鱼蒸制很考验火候，出炉时鲜美无比，为南京大牌档的状元菜，也荣登“金陵十二钗”之首。

鸡汁长江白鱼

南京大牌档

地址：广州市天河区天河路 208 号天河城 7 层

海派美食

上海 · 外滩

上海一直是海纳百川的代表，上海菜亦如此。在古代，酒楼饮食业为发挥自己地方菜肴的特点，在经营中得到帮助和照应，更为了立于不败之地，渐渐地形成了各种地方的“帮口”，或称“菜帮”。上海人习惯称上海菜为“本帮菜”，这也是为了与川菜、淮扬菜、湘菜、鲁菜等外帮菜相区别。而外帮菜在上海扎根数十年，经过逐步改进、发展，在色、香、味、形方面已适应了上海人口味，还有个不成文的规定，即统称这类菜系为“海派菜系”。海派菜系融合了多个菜系的特长，在上海可以吃到各种各样的菜式，既有北方菜的厚重口味，也有南方菜的辣味，还有上海菜的本地特色口味。上海之所以形成多种多样的菜色，是因为上海是开埠最早的港口，大量的外来特色菜系都会在这里汇聚，而上海人用他们的智慧把这些菜系的长处都融合到自己本地的菜品烹饪当中。

十四、上海·小南国

上海·小南国始创于1987年，从4张小桌起家，将传统本帮菜发展为精品海派菜系，并获得“上海市著名商标”的称号。餐厅的装修风格很有上海特色，菜肴更是原汁原味的本帮菜，各款菜式都烧得相当入味。作为海派美食代表的小南国精品菜肴，不仅仅继承和保留了海内外食客所推崇的浓郁香酥、腴润适口的上海本帮菜特点，更在此基础上大胆革新，融合了各菜系的优点，发展出自己独特、浓郁、细腻、精致、典雅的新上海菜风格。

上海·小南国

推荐菜品：上海小笼包，皮薄馅足，掀开薄皮，里面满满的都是汤汁，先喝汤、再吃包，饱足之余，味蕾也得到了享受。石锅鸡汤烩蛋饺，制作蛋饺的手工很有讲究，取大勺加热抹油，淋上蛋汁匀开，放入肉馅，最后以筷子掀起一半饺子皮包裹上肉馅；以老鸡作为食材慢火熬制成饱含胶原蛋白的鸡汤，以石锅铺上蛋饺，倒入汤汁煮熟，汤浓饺香，精致美味。上海老熏鱼，工序繁杂，油炸后的鱼块浸入由花雕、酱油、冰糖等制成的卤汁入味，经过数小时的浸制，咸香鲜甜的味道才能渗入鱼肉中。上海·小南国这个名字在这座城市是家喻户晓的，更有人笑称在上海·小南国吃顿饭就是“上档次”。上海·小南国始终用心经营上海味道，坚持为食客带来“纯正上海体验”，让食客品尝地道上海老味道的同时，也品味到食物背后蕴藏的上海文化。

老上海蟹粉豆腐

食髓知味，螃蟹的精髓正是在于蟹黄。蟹粉豆腐这款上海名菜，手工细拆蟹粉，以蟹黄的浓郁香甜搭配豆腐的嫩滑，两者中和后浓淡适宜，入口嫩滑，鲜味无双。鲜嫩爽口的豆腐，粒粒爽滑，入口即化。

老上海蟹粉豆腐

陈年花雕醉鸡

以陈年花雕腌制精选走地鸡，加入10余种调料在开水中滚煮，放入鸡肉，烹煮入味。上桌的鸡肉酒香扑鼻，肉质鲜嫩，喝上一口汤，更是回甘暖胃。

陈年花雕醉鸡

上海·小南国

地址：珠海市香洲区九州大道西2055号富华里1层

十五、江南厨子

江南厨子有极具特色的江南装修风格，舒适典雅，古色古香。典雅的餐具、精致的摆盘，弥漫着浓郁的江南气息。餐厅以小桌子为主，适合2~4个人用餐，也适合朋友聚会。

花雕醉活虾

将活蹦乱跳的活虾迅速倒入特调的花雕酒后立马盖上盖子，捂着盖子晃动几下，等待10来分钟就能吃了。揭开盖子，花雕的醇香早已将虾迷醉，夹虾入口，脆嫩的虾肉拌有几缕姜丝，混着花雕的酒香，怎一个“鲜”字了得？

花雕醉活虾

糖醋松子鱼

先用油炸鱼，瞬间的高温将鱼肉鱼汁都封存完整，再浇上秘制的糖醋勾芡。一定要趁热吃，酥脆、柔嫩、酸甜、油香，多重味蕾体验在口腔内绽放，极具诱惑性。

糖醋松子鱼

知味小排

炖得酥烂的肉排被赋予了酸甜的口味，尤其适合老人和小孩。底下铺着数块红薯，充分吸收了肉汁的滋味，让人停不下筷子。

知味小排

江南厨子

地址：广州市天河区天河路383号太古汇商场地铁层M68号

十六、宴江南

在国画的寥寥几笔中，江南恬淡幽雅的神韵就已经呼之欲出。青山绿水围绕，闲来与好友沏上一壶龙井，看西湖边上烟雨朦胧、细柳垂枝，席间的江南菜同样清新淡雅。

龙井茶香排骨

此菜开始制作的步骤沿袭传统，取肋排用盐腌制，再放到以猪脚、鸡脚、龙骨、老鸡、香料、九曲红梅和龙井绿茶熬成的卤水当中小火卤制半小时。肋排能否松脆甘香，关键在于接下来“烘”的步骤，而传统做法不包括这一个步骤。经过烘制的排骨上再撒炸好的龙井绿茶茶叶，肉类的油腻味尽数被茶叶吸收，肋骨带着几片茶叶入口，口里余香缕缕。

龙井茶香排骨

招牌南翔小笼包

小笼包皮薄馅多，刚上桌的小笼包会维持在汤汁不烫嘴的温度，轻轻咬破先尝一口油香的汤汁，或是蘸醋配姜丝一口吞下都是享受，不愧是招牌菜品。

招牌南翔小笼包

宴江南

地址：广州市天河区珠江新城花城大道 85 号高德置地春广场 5 层

十七、外婆家

外婆家位于天环广场的B1层，也是华南地区的首家金牌外婆家。进到大厅才觉得门面只是冰山一角，店面面积很大，桌子座位的排列也比较恰当，木质田园风加上微暗的灯光，给人以十分舒适和安静的感觉。

茶香鸡

这是一道非常传统的杭帮菜，选用仙居三黄鸡作为这道菜的主材料，每只鸡的重量必须控制在0.9千克左右，不大不小，鸡肉的嫩度刚刚好。茶香鸡所用的材料十分丰富，有仔鸡、龙井茶叶、枸杞、山药、葱、姜、大砂仁、干辣椒、南姜、丁香等20多种。一端上桌，鸡肉香味和浓郁的茶香飘散开来，色泽金黄油亮，吃起来表皮酥脆，肉质干而不柴、酥而不烂，松嫩爽口，口感软糯，收汁恰到好处。最难得的是，鸡肉还带着浓郁的茶香，一铁勺挖下去，鲜嫩的鸡肉汁水瞬间溢满铁勺，撕开鸡肉的那一刻，香气扑面而来。

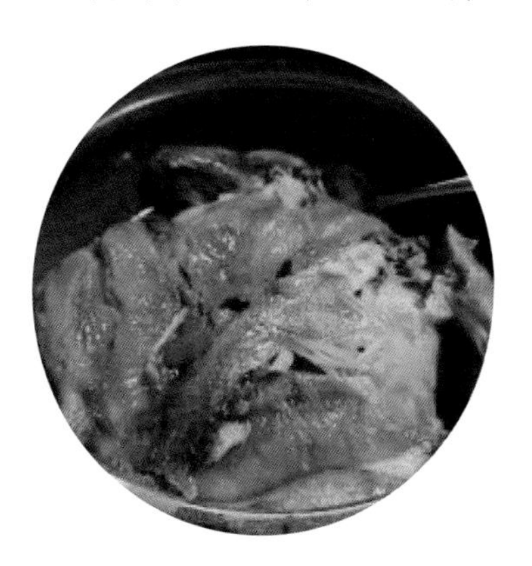

茶香鸡

外婆红烧肉

外婆红烧肉选用上好的五花肉，腊制的青鱼四周各置一条，下面则用天目笋干打底，还可以用馍夹肉一起

外婆红烧肉

吃。食物之间的优点融合在一起，红烧肉肥而不腻、香甜润滑，青鱼和笋干的味道融合得也是恰到好处，很自然。

龙井虾仁

龙井虾仁因选用清明节前后的龙井茶配以虾仁制作而得名，是一道具有浓厚地方风味的杭州名菜。鲜河虾仁和龙井茶的结合十分完美，成菜后，虾仁白嫩、茶叶翠绿，色泽淡雅，味美清口。

龙井虾仁

外婆家

地址：广州市天河区天河路 218 号天环广场 B152A 铺

齐鲁美食

山东 · 大明湖风景区

鲁菜，是起源于山东的齐鲁风味菜系的简称，是中国八大菜系中唯一的自发型菜系，同时也是历史最悠久、技法最丰富、难度最大、最见功力的菜系。鲁菜作为宫廷菜，发源于春秋战国时期，宋代后，就成为“北食”的代表，鼎盛于元、明、清三代，后来成了皇家菜品。鲁菜集山东各地烹调技艺之长，兼收各地风味之特点加以发展，以其味咸鲜、口感脆嫩、风味独特、制作精细享誉海内外，形成了鲁菜独特的内涵。鲁菜是我国覆盖面最广的地方风味菜系，遍及京、津、冀及东北三省。鲁菜讲究调味纯正，口味偏咸鲜，具有鲜、嫩、香、脆的特色，同时也十分讲究清汤和奶汤的调制，清汤色清而鲜，奶汤色白而醇。鲁菜历史悠久，文化内涵丰厚，深受儒家文化土壤之滋养，尽得齐鲁山水灵气之浸润，运用得天独厚的食材，施以精妙的烹调技艺，集历代辛勤民众之智慧、劳动之成效，独成体系，颇具堂正中和、高贵典雅的美食风尚。

十八、山东老家

山东老家成立于1998年，以经营精品鲁菜为主，并融汇各个菜系的风味。经过多年稳定的发展，山东老家在菜品、服务和管理等方面不断优化和创新，在广东等省份先后开了30余家分店。山东老家是以经营精品鲁菜为主、融汇南北风味的专业餐饮连锁品牌，长期致力将齐鲁文化与齐鲁饮食完美融为一体，以“食不厌精、脍不厌细”的理念，继承鲁菜传统工艺，悉心烹制一菜一点，让食客在浓浓的齐鲁文化氛围中品味鲁菜的独特与精细，感受齐鲁美食的境界与追求。

招牌美食有手工水饺、至尊烤鸭、九转大肠、小鸡炖蘑菇、大片牛肉、剁椒蒸长江鲍鱼、剁椒蒸田鸡、蒜香骨、白灼原条芥蓝、砂锅烟笋焖蹄筋、老醋茼蒿、老醋蜇头、酱骨架、曹县酱驴肉等。山东老家的水饺在制作上采用的是山东胶东地区的家常手法，饺子皮自然合上压紧，顺着手势形成一个自然的弧度，呈半月状；选用肥瘦适中的五花肉和其他食材搭配调制馅料，恰到好处、不腻不柴，且鲜嫩多汁、营养丰富。鲁菜以汤为百鲜之源，而炖菜最具山东家常风味。炖菜口味浓郁醇厚，强调原汁原味。小鸡炖蘑菇是最为经典的炖菜，一大锅长白山野生榛蘑加上

山东老家

老鸡和粉丝一起熬制，榛蘑香滑、鸡肉软烂，汤鲜味浓。

至尊烤鸭

至尊烤鸭

中国的烤鸭起源于南北朝时期的鲁菜烤鸭，被称为“炙鸭”。山东是中国烤鸭的最早发源地。烤鸭是“满汉全席”的主菜之一，山东老家的烤鸭色泽金黄、皮酥肉嫩，现烤现卖。烤鸭搭配丰富配料，如荷叶饼、葱条、黄瓜、白糖、六必居烤鸭酱等，各具风味，满足不同食客的口味需求。

九转大肠

九转大肠

鲁菜的传统名菜“九转大肠”色泽红润，大肠软嫩，兼有咸、甜、酸、辣之味，肥而不腻，久食不厌。

山东老家
地址：广州市天河区天河路 228 号正佳广场 6 层

十九、山东沂蒙全羊

羊肉汤

金庸说：“一碗羊汤下肚，热气从五脏六腑发散至全身，连指尖都能感觉到暖流向外涌动。”汤里的羊肉分量很足，味道也十分正宗。山

羊肉汤

东沂蒙全羊所采用的羊肉来自沂蒙山的黑山羊。据说沂蒙山区的黑山羊饿了就吃山间吊草，渴了就喝溪涧流水，肉质强韧、鲜而不膻、香而不肥，口感绝佳。用这种黑山羊做出的羊肉汤也十分美味，质地纯净、汁浓色白，喝起来热乎乎的，实在让人欲罢不能。

爆炒牛肚丝

爆炒牛肚丝

单纯生炒牛肚丝非常困难，但是鲁菜巧妙地避开了这个难题，只要将牛肚提前卤熟，在油锅里爆炒两三分钟即可，这不仅大大提高了上菜的效率，还保证了菜品出锅时应有的温度及较好的口感。

山东沂蒙全羊

地址：广州市天河区沙太南路天虹宾馆附近沙太汽车精品城

陕甘美食

陕西 · 西安夜景

陕甘美食包括陕西、甘肃、宁夏、青海、新疆等地方风味，是大西北风味的简称，其中以陕西菜、甘肃菜最具代表性。陕西在中国文化发展史上具有重要地位，其烹饪发展的历史可以上溯至仰韶文化时期。虽然八大菜系中没有陕西菜，但其却是中国最古老的菜系之一。陕甘风味的特色是“三突出”。一为主料突出：以牛羊肉为主，以山珍野味为辅；二为主味突出：一道菜肴所用的调味品虽多，但每道菜肴的主味却只有一种，酸、辣、苦、甜、咸中只有一味出头（包括复合味），其他味居从属地位；三为香味突出：除多用香菜做配料外，还常选干辣椒、陈醋和花椒等。干辣椒经油烹后拣出，其味辣而不烈，后劲十足。醋经油烹，酸味会减弱，而香味就会大大增加。花椒经油烹，麻味减少，椒香味增加。选用这些调料，并非单纯为了辣、酸、麻，主要是取其香。陕西菜的烹饪技法则以烧、蒸、煨、炒、汆、炝为主，多采用古老的传统烹调方法，如石烹法至今沿用，可谓古风犹存。烧、蒸菜，形状完整，汁浓味香，特点突出；清汆菜，汤清见底，主料脆嫩，鲜香光滑，清爽利口；温拌菜（属炝法），不凉不热，蒜香扑鼻，乡土气息极浓。烧、蒸、清汆、温拌，是陕甘风味最具代表性的菜式烹调技法。

二十、大师兄肉夹馍·陕西面馆

大师兄肉夹馍·陕西面馆的肉夹馍是中国陕西传统特色食物之一，肉夹馍因味道好、认知度高、口味趋于南北通吃，被称为国民小吃之一。2017 年 5 月 1 日，从事餐饮行业 10 年的郑如师就正式创立了一个新品牌——定位“西北小吃城”的大师兄肉夹馍·陕西面馆，并在广州万胜围广场开设了首家门店。大师兄肉夹馍·陕西面馆以家庭和上班族为主要客群，主打手工制作的陕西面食和陕西特色小吃。面馆环境简洁宽敞，以红色为主色调，注重食客的就餐体验。现点现做、坚持使用新鲜材料、

大师兄肉夹馍·陕西面馆

半开放式的设计、专门定制的肉夹馍烤炉，将路过的人都吸引到店里。看到店内的陕西小摆件，更让人感觉恍如来到了古都西安。

招牌必点菜有肉夹馍、新鲜羊肉串、功夫烧、𰻝𰻝面、陕西臊子面、酱骨架、羊杂汤、西北烂腌菜等。陕西臊子面，从炝汤到羊肉臊子极其讲究，火红的炝汤要酸辣香甜，羊肉片与辣椒、番茄、蒜苗等搭配制成的臊子香气四溢；热门小吃酱骨架，卤制的时候，卤汁一点点地渗进纤维里，就连骨头都变得酱香浓郁，轻轻一剥，骨头就与肉分离了；羊杂汤的重点全在鲜味上，用新鲜羊骨熬制3个小时，不加任何辅料直到将汤熬成白色，羊肠细腻、羊肚脆嫩、羊肉有嚼劲，不同种类呈现的口感也不相同，香味尽在口中。

肉夹馍

“肉夹馍”是古汉语“肉夹于馍”的简称，它是中国陕西省汉族特色食物之一。2016年1月8日，肉夹馍入选陕西省非物质文化遗产。店里的每一个馍都是现烤的，做一批要8分钟，上、下面各煎、烤2分钟，现烤出来的肉夹馍外皮酥脆可口。肉馅塞得很满，采用肥瘦均匀的猪前蹄肉，让人每一口都能感受到肉与汁交织的人间美味。

肉夹馍

𰻝𰻝面

陕西传统的特色面食，在隋唐时期被称为“长命面”。此面长1.3米、宽4厘米，面很有嚼劲，吃起来又香又辣。制作𰻝𰻝面看似简单易上手，实则最见功夫，在擀拉中少不了要𰻝𰻝摔两下，再甩进锅煮。面条捞出，泼上一

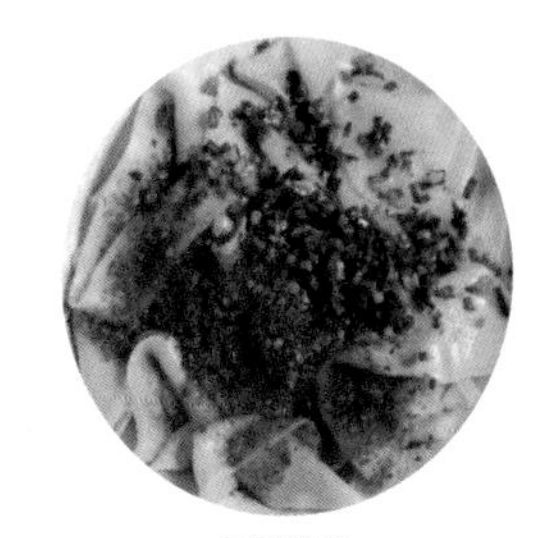

𰻝𰻝面

勺热滚滚的油，发出“滋啦”一声，辣椒面、醋和臊子肉的香味散发开来，油光附在面上，光看着就让人食欲大开。

大师兄肉夹馍·陕西面馆（中山店）

地址：中山市东区中山三路16号之一利和广场5层

二十一、陇上荟

陇上荟开业于2010年，陇上荟私厨菜是广东省甘肃商会旗下餐饮企业，是目前广州唯一一家私厨陇菜。营业面积近千平方米，设甘肃风格大厅，环境优雅，风格别致。陇上荟以陇原菜系为基础，秉承陇上人家宗旨：正宗、特色、朴实、真诚，精心打造老兰州味道工场，弘扬甘肃饮食文化。陇上荟用最“笨”的方法做菜：90%的原料来自西北山野乡村、草原、戈壁、沙漠，每日空运至广州，以保证地道、正宗、新鲜、味醇。原汁原味的陇上荟菜品由私厨烹制、工艺精湛，不加任何香料、色素等，保证了食材的本色、本味。陇上荟以原生态、无污染、健康、绿色环保、养生美食为概念，特聘陇菜烹饪大师，着力打造广州首家陇菜风味的旗舰店。以正宗兰州牛肉拉面、陇上精品手抓、甘南蕨麻猪、金城兰州酿皮等为代表的镇店美食，采用传统工艺，私厨制作，不可错过。

兰州牛肉拉面

兰州牛肉拉面原为西北游牧民族招待高级宾客的风味食品，距今已有160余年的历史。正宗的兰州牛肉拉面，是回族人马保子于1915年开创的，当时马保子家境贫寒，为生活所迫，他在家里制成了热锅牛肉面，肩挑着在城里沿街叫卖。后来，他又把煮过牛、羊肝的汤兑入牛肉面，他的面突出一个“清”字，其香味扑鼻，深受大家喜爱。接着他开了自己的店，不用沿街叫卖了，就想着推出免费的“进店一碗汤”，客人进得门来，伙计就马上端上一碗香热的牛肉汤请客人喝，可以醒胃。马保子的清汤牛肉面名声大振，1925 年其子马杰三接管经营，继续在“清”字上下功夫，

兰州牛肉拉面

不断改进牛肉拉面，直到后来声名远扬，被誉为“闻香下马，知味停车”。今天，兰州牛肉拉面因为美味可口、经济实惠，不仅在西北地区比比皆是，而且遍布全国各地。

陇上精品手抓

手抓羊肉是我国西北蒙古族、藏族、回族、哈萨克族、维吾尔族等民族喜爱的传统食物，相传有近千年的历史，原以手抓食用而得名。陇上荟餐厅选用兰州当地的东乡羯羊作为原材料，提前 24 小时用特殊工艺对羊肉进行炮制。肉质鲜嫩，无膻气，富营养。

陇上精品手抓

高原白牦牛排

精选甘肃天祝优质白牦牛，牦牛排具有高蛋白、低脂肪、低热量、富含多种氨基酸等特点，营养价值是普通牛肉的数倍，入口酥烂，肉味更香浓。

高原白牦牛排

兰州酿皮

兰州酿皮

酿皮是流行于中国西北地区的一种传统特色美食，绵软润滑、酸辣可口、爽口开胃。在青海、甘肃、宁夏、陕西、内蒙古等地颇受欢迎。酿皮的做法是将面粉用凉水和成硬团，然后在清水中揉搓，使面粉中的蛋白质和淀粉分离，淀粉沉淀后，倒去清水，加入食用碱，调成面浆，放入蒸笼蒸熟，冷却后切成比筷子微粗的长条即可。面粉中的蛋白质即是面筋，另外蒸熟，切成薄片，一起放入碗中。一碗黄亮透明的酿皮，加上油泼辣椒、精盐、酱油、蒜泥、芥末、香醋、芝麻酱等调料，看起来色泽晶莹、半透明如玉，入口细腻润滑。酿皮酸辣筋道，柔韧可口，是一种大众化的清凉面食，绝好的风味小吃。

陇上荟

地址：广州市天河区中山大道西 277 号（万枫酒店 2 层，天河公园北门对面）

台湾美食

二十二、鼎泰丰

鼎泰丰创立于1958年，是一家以小笼包闻名的台湾餐厅，其出品鼎泰丰小笼包是殿堂级小笼包。鼎泰丰被《纽约时报》评为“世界十大餐厅”之一，被米其林《米其林香港澳门餐旅指南》评为星级餐厅，每年被米其林三星餐厅邀请到欧洲做小笼包表演。鼎泰丰于2000年进入大陆，2004年在北京开设第一家店面——鼎泰丰渔阳店。至今，已在环太平洋共十几个国家和地区开设100家店面，鼎泰丰正在以自己的方式传承和弘扬着中国文化。

鼎泰丰

用筷子夹起一个即点即制即蒸的小笼包，纤薄的皮非常有张力地包裹着垂下来的汤汁，透过光线可以隐约看到汤汁在色泽清透的面皮里涌动，咬下去，肉汁从肉馅中伴着鲜美溅出；面皮滑润筋道伴着蒸香，刺激着你的味蕾。鼎泰丰的精致要细细地品味。一个貌似普通的小笼包在鼎泰丰却有一系列标准化的数字背景和极高的品质要求：每个小笼包重21克，包括5克的皮、16克的馅，每个小笼包的误差不得超过5毫克。皮一掂、馅一抹、行云流水地一捏，便是均匀的黄金18褶，上锅蒸5分钟方可上桌，面与馅以这样的比例搭配，使其有了最佳的口感。正是这样用心经营，秉承现代化的管理观念，才使得鼎泰丰赢得口碑，迈向国际。

从菜品到环境，精致是鼎泰丰的最大特点。

蟹粉小笼包

蟹粉小笼包

蟹粉小笼包可以说是小笼包中的极品，用筷子轻轻夹起，小笼包肚下坠，颤颤悠悠。外皮均匀，每一个都没有破漏；内馅实在，轻轻咀嚼品尝，汤汁四溢，鲜美的滋味令人口齿留香，搭配着姜丝蘸醋，衬出了蟹粉独特的味道。

红油抄手

红油抄手

抄手本是四川成都著名小吃。以面皮包肉馅，煮熟后加清汤、红油和其他调料即可食用。此种小吃柔嫩鲜美，汤汁微辣浓香。抄手与饺子有异曲同工之妙，抄手是四川人对馄饨的称呼，馄饨在全国各地均有制作，抄手是最为著名的品种之一。红油抄手是鼎泰丰必点菜式之一，一碗有8个，拌过以后虽然颜色看着鲜红，却并不是很辣，带着一丝酸味。鲜嫩的猪肉包裹着完整的虾肉，整颗吃进嘴里，非常开胃。

排骨蛋炒饭

排骨蛋炒饭

一整块的猪排骨盖在米饭上，黑椒味的炸猪排肉质嫩滑，与颗粒分明的蛋炒饭进行搭配，蛋和饭的比例刚刚好，也只有技艺娴熟的师傅才能做到吧。一碗简单的蛋炒饭，值得坐下来细细地品尝。

鼎泰丰

地址：广州市天河区天河路383号太古汇B2层35号（地铁石牌桥站）

二十三、度小月

里面的环境非常好，位置也比较宽敞，装修风格是怀旧复古风。很有意思的一个设计是，是进门就有一个做担仔面的“小档口”，颇具年代感。

度小月

五味醋烧鱼

鱼炸得特别脆，里面的肉刚刚好，外脆里嫩，鱼皮酥脆，鱼肉嫩滑。最赞的是里面的汁，酸酸甜甜，中和起来，味道十分棒！吃起来非常入味，清爽开胃，让人欲罢不能。

五味醋烧鱼

士林蚵仔煎

此菜有生蚝和虾，生蚝很大，用蛋液包裹住，外层淋上类似甜酱汁的汁液，非常入味！一口咬下，令人十分满足，极力推荐大家试一试。

士林蚵仔煎

担仔面

这道面可谓是可圈可点，汤底清爽又足味，面条筋道。主要材料有油面、豆芽菜、香菜、虾仁、少许汤汁以及独门肉臊，口味鲜美。

担仔面

度小月

地址：广州市天河区珠江新城华夏路28号富力盈信大厦3层

PART 9

来自世界各地的特色美食

日式美食

日式美食

日本料理泛指日本的饮食，即日本人日常的传统饮食。日本厨师对摆盘极重视，杯盘样式多，和食也因而被称为“眼睛的料理”。日本由4 000多个岛屿组成，四面环海，气候温和，四季分明，得天独厚的新鲜海产成就了日本料理最大的特点——生鲜海味。日本人在料理的烹调方式上崇尚食物的原汁原味，少用调料，以清淡的口味为主，因此生食便成为保持食物原味最好的食用方式。在日本，人们把味噌汤视为“母亲的手艺”，味噌汤以酱为主，以大豆为主要原料，味道偏咸。日本料理中的生鱼片最有代表性，堪称日本料理的代表作。寿司又称“四喜饭”，寿司味道鲜美，受日本民众喜爱。现代日本寿司大多采用醋拌米饭的方法来加工其主料，正宗的寿司有酸、甜、苦、辣、咸等多种味道。

一、万岁寿司

万岁寿司创建于1999年，以较早引进“回转寿司”的潮流吃法而著称。进入门店内，目之所及，都是充满和风韵味的酒架。木编灯罩里洒出来的，是暖黄色的灯光，柔和内敛。酒架上摆满了日本酒，如越乃寒梅、久保田、八海山等。位于中区的日本新干线形式的回转寿司带，非常吸引人眼球。

推荐菜品：深海三文鱼刺身，三文鱼色泽鲜艳、纹路分明，现点现切，最大限度地保留了三文鱼的鲜美；火焰烧鹅肝寿司，大块的丰腴鹅肝，经过火焰的炙烤，外焦里嫩、香气四溢，油脂浸入饭粒，细细咀嚼，鹅肝细腻顺滑，米饭微甜、口感轻盈；榴莲焗卷，香气浓郁的榴莲焗过之后更加诱人，香甜绵滑；吉利炸大虾，虾肉饱满弹嫩，外皮松脆；玻璃虾寿司，玻璃虾新鲜清脆，晶莹剔透，带着甜味，一口咬下去仿佛听到了清脆的响声。

万岁寿司

万岁寿司船

万岁寿司船造型精美，精致的寿司整齐排列。轻轻咀嚼鲜甜甘美的刺身，搭配清新微酸的寿司饭和芥末、酱汁等调味料，就像享受舌尖上的盛宴。

万岁寿司船

万岁寿司

地址：广州市天河区天河路 200 号广百百货 B2 层

二、江户日本料理

江户日本料理始创于 1992 年，为澳门极具历史意义的高级日本料理店，现有多间分店遍及澳门多个蜚声国际的酒店娱乐场内。一走进江户日本料理店，便禁不住连连感叹这是个充满幻想的空间，仿佛邂逅了星空下的一艘船。寿司吧外形似翘起的船头，天花板上布满了一颗颗沙金色的星星，高低错落的木板隔出“渔船”的完整形状来，整体看上去，像一艘古朴又不失华丽的渔船停泊在港口。寿司吧在大厅中央，寿司诱人的鲜腥味从吧台上传来，穿着素白衣服的师傅正认真地做着各式料理，师傅身后是一个圆柱形的大鱼缸，幽蓝的光透过鱼缸照射出来，更添几许静谧。餐厅里的小路用天然石子铺成，走入其中，仿佛走在飘着樱花香的京都小巷中。左右两边的房间一字排开，门用长条的暗红木板拼成，错落有致的灯光打下来，很有禅意。江户日本料理每间分店均由料理界一级师傅坐镇，专注细节，用料讲究，以精准无瑕的非凡手艺完美呈现顶级日本料理的精髓，且所有师傅都有在日本工作的经历。师傅们在保持传统日式烹调技艺的基础上也注重创新，每个星期会新推出 2 ~ 3 道菜，很多临时推出的菜在菜牌上都找不到。餐厅菜品的刀工和摆放非常考究，比如，刺身船的摆放每次都会有一个主题，摆成不同的山水景观，即使每次吃同一道菜，也会有不一样的感觉。餐厅选用当季最好的食材、最好的部位，务求让食客品尝到殿堂级的大和风味。店内所用鱼类食材均为深海天然鱼，味甘而醇厚，所有鱼类都是从 -50℃一步步解冻至 5℃，这个过程需要 2 天，因此鱼肉吃起来格外新鲜，别有一番风味。

刺身

江户三大必吃美食之“刺身”。每周从世界各地空运而来的新鲜当季刺身种类繁多，江户料理长常根据不同刺身的纹理，以精准细腻的刀工，保留刺身原汁原味之余，更尽情展现其鲜美滋味。搭配香醇甘甜的獭祭、二割三分、纯米大吟酿，余韵悠长的口感令人难以忘怀。

刺身

铁板烧

江户三大必吃美食之“铁板烧”。围坐在长约 2 米的铁板烧台旁，江户料理长便在食客面前展现精彩的烹调技艺——凭借江户独特的烹调手法，以铁板为舞台，以铁板独有吱吱作响的声音为配乐，各式美味在铁板上跳起华尔兹。淋漓畅快的手法之下，原味的肉质快速成熟，佐以江户特制调料，最终以精致的摆盘呈现，拉下帷幕。

铁板烧

寿司

江户三大必吃美食之“寿司”。寿司看似简单，却最考验料理长的技艺，颗粒分明的醋饭以纯熟的手法精准拿捏，使之松紧有致。承载各种鱼生食材且保持完整形状的寿司，在入口品尝的一霎，立马绽放出醋饭的芬芳和鱼生的鲜甜，其温润的口感是独属江户的艺术。

寿司

江户日本料理

地址：广州市天河区珠江新城华夏路 8 号合景国际金融广场 3 层

三、小山日本料理

小山日本料理是中国最早期的日料店，1999 年小山创始人在广州开设了第一家小山料理，将日本原汁原味的本土料理带到了国内。如今，日料这种健康的饮食方式以其专业的料理技术和用心的出品，被越来越多的中国消费者喜欢。

小山日本料理

刺身拼盘

刺身拼盘种类丰富，有金枪鱼、三文鱼、章鱼、北极贝、鲷鱼等多个品类的生鲜切片，味道丰富、层次分明，仿佛能让味蕾品尽整个大海的鲜美。小山日本料理店服务员会建议先抹芥末，再蘸酱汁，这样更加讲究，能感受更加细腻的味道。

刺身拼盘

天妇罗

天妇罗是源自江户时代的四大食物之一，做法是将鱼类或蔬菜裹上面衣油炸，天妇罗油炸的真谛在于提升食物的鲜味和甘甜。小山日本料理店选用薄粉浆来包裹新鲜食材，按照严格的油温炸制，这样入口更加细腻顺滑而不会感觉满口面浆。油炸食品一定要趁热吃，所以小山日本料理店服务员会提醒食客尽快享用天妇罗。

天妇罗

日式串串烧

小山日本料理店的烤串比日式烧烤店还要正宗，一盘烤串种类很多，有鸡翅、鸡心、银杏、紫苏卷、猪脖肉等，配上特别的日式酱汁，鲜嫩可口，味道极佳。

日式串串烧

小山日本料理

地址：广州市天河区天河路 383 号太古汇商场 3 层 L306 铺

韩国美食

韩国 · 光化门广场

韩国人和日本人一样，习惯席地而坐、盘腿就餐。其传统饮食简单，主食为米饭，喜食泡菜，因为靠海，海产素菜也相当多。韩国饮食的主要特点是高蛋白、多蔬菜、喜清淡、忌油腻，口味以凉辣为主。韩国人自古以来把米饭当作主食。韩餐的口味特点是鲜、咸，其中具有代表性的是烤肉、冷面、拌饭及参鸡汤、牛肉汤等。

四、木槿花烤肉

木槿花是韩国的国花，在北美有“沙漠玫瑰”的别称。木槿花烤肉将中国美食和韩国料理完美结合起来，木槿花炭火烤肉选用的是无烟木炭，木炭燃烧的炭香味也会进入肉中，肉香、炭香合二为一。炭火烤肉不但香味独特，而且外焦里嫩、鲜嫩多汁，让人回味无穷。木槿花炭火烤肉店的烤肉腌制所用的酱料都是水果原料做成的。选用新鲜的菠萝、猕猴桃、柠檬、水晶梨、红富士等各种水果，榨取浆汁腌制牛肉，利用水果中的蛋白酶来降解肉中高强度的蛋白，转化后的蛋白可以促进人体吸收，增加肉类的营养。木槿花烤肉店选用本地黑猪肉、美国肥牛，肉类纯进口，绝不用压缩的。木槿花烤肉店为每一位食客都配备了秘制酱料——烤肉大酱：传统韩式蘸酱，适合高油脂的牛五花肉、猪五花肉；烤肉干料：特质烤肉干粉料，适合低油脂的羊肉、鸡肉、海鲜。听着烤肉吱吱啦啦的“交响乐”声音，闻着超级诱人的肉香，等待 60 秒左右肉烤至金黄后，便可大快朵颐。

木槿花烤肉

木槿花烤肉

地址：深圳市罗湖区东门中路 ucity 3 层 3003 号铺

五、黑山岛韩国料理

黑山岛韩国料理是深圳唯一一家活章鱼料理店，店内装修风格跟韩国本土餐厅如出一辙，总体空间比较大，就餐环境干净。在这里可以吃到韩国的各种生鱼片，活章鱼上桌时还在扭来扭去，十分新鲜；正宗的鱼子汤搭配着海鱼的鱼肠，吃起来很绵软，辣辣的鱼汤吸收了鱼肉的精华，舀一口鱼子吃进嘴里，感受到一颗颗鱼子在爆浆，鲜美无比；韩式冷面呈半透明状，吃起来很有弹性，混合着淡淡的果醋和牛腩汤的味道，特别适合闷热的夏天；还有石锅拌饭、章鱼拌饭，就着韩式辣酱，吃起来弹牙又美味；当然还有土豆饼、紫菜卷、泡菜炒年糕、部队火锅等经典韩式美食。

黑山岛韩国料理

活章鱼刺身

活章鱼刺身

章鱼上桌时，小吸盘还吸着盘子，此时倒些油到盘子里便可分离章鱼和盘子。这盘会动的刺身与舌头相互交缠时，还能感受到稍许吸力，多嚼几次后，章鱼就彻底失去了战斗力。章鱼并没什么腥气，蘸取芥末、酱油后送入口中，可以感受到章鱼在嘴里翻腾，肉质有弹性，慢慢咀嚼后方能安心下肚。

黑山岛韩国料理

地址：深圳市福田区车公庙地铁站 A 出口丰盛町 A1-022

东南亚美食

印度·泰姬陵　　吴志君　摄

东南亚菜包括东南亚以及南亚部分国家如泰国、越南、印度等的特色菜。由于地理位置及气候的差异，东南亚地区的物产与中国的物产在有些地方存在差异。中餐善于利用原料的特性，运用先进的烹饪方法赋予食物更加丰富的表现形式。东南亚菜在原料的运用上受中餐的影响较大，但又不失自己的本色，其在中餐基础上发挥本地的物产优势，在酱料、香辛料的运用上赋予菜品别具一格的特色。在口味上，东南亚菜多在咸鲜味的基础上突出特有香辛料的独特风味，东南亚各国的饮食文化略有不同，但是大多数以酸、辣、烧烤和煎炸为主，口味比较重。

印度菜以咖喱闻名，多用调料，所用的调料几乎达到了“世界之最”

的地步，每道菜的调料都不下 10 种。香料是印度美食的主要元素，印度人被誉为世界上最会利用香料的色、香、味的民族。印度人在食材的选择上比较单一，通常只用鸡肉、羊肉、海鲜和各类蔬菜；调料虽然种类繁多，但是每道菜都会有一款相对主要的调味料，比如孜然、马萨拉等；菜肴的烹饪方式也相对简单，有烧、烤、炒等几种。印度菜可分为南、北两大菜系，北印度菜的口味以微辣为主，以咖喱为特色，菜色清爽，更受欢迎；而南印度菜系，香料多用咖喱叶和芥末籽，口味较重，以酸、咸、辣为主，原料多用椰子，菜式简单。

泰国是一个临海的热带国家，气候炎热，雨量充沛，绿色蔬菜、海鲜、水果极其丰富，因此泰式料理在用料上多以蔬菜、海鲜、水果为主。泰国菜以色、香、味闻名，酸与辣是泰国菜的两大特色，菜品注重调味，常以辣椒、罗勒、蒜头、香菜、姜黄、胡椒、柠檬草、椰子与其他热带国家的植物及香料提味，辛香甘鲜、口味浓重，别具一格。以各种风味蘸料伴以泰国美食，更演化出多重滋味。

越南气候较热，所以越南菜以清淡为主，糅合了中国、泰国、马来西亚、法国等国的饮食文化，口味相当独特。越南菜偏酸辣，鱼露是越南菜的灵魂，菜式多与鱼露搭配食用。越南菜烹调时注重清爽原味，以蒸、煮、烧烤、凉拌为多。油炸或烧烤的菜，会配以新鲜生菜、薄荷、金不换等生吃菜类，去腻下火。因此越南菜整体清爽不油腻，且兼备色、香、味。

六、肥豚·炭烧

肥豚·炭烧是一家主打东南亚菜的餐厅，餐厅的装修主要是以黑白色搭配不锈钢的金属质感，满眼的绿色植物和白色大理石交相辉映，在炎热的夏季，给人们带来了一阵清凉的气息。肥豚·炭烧出品的菜式不只包括经典的东南亚菜式，如海鲜叻沙、新加坡肉骨茶、炭烧魔鬼鱼、炭炉肉骨茶等，还有不少新式创意菜，如冬阴功炭烤鲈鱼、炭烧榴莲等。

炭烧榴莲

烧过的整只榴莲外呈焦黑色，暖暖的榴莲肉香甜无比，烤过的榴莲外焦内嫩，入口即化，比常温下的更好吃，吃一口满嘴都是榴莲香气和榴莲特有的甘甜。

炭烧榴莲

面包鸡

肥豚·炭烧的面包鸡颜色金黄，光滑圆润的表皮涂上亮晶晶的油，看起来十分诱人，似乎能看见面包里头装得满满的鸡肉。面包鸡的做法跟叫花鸡有异曲同工之妙，叫花鸡是把加工好的鸡用泥土包好烤熟，面包鸡则是将做好的咖喱鸡肉放进一个巨型面包当中烤制。热腾腾的面包鸡端上来，在面包鸡上划一个十字，面包向四周展开，冒着热气的咖喱像泥石流一样喷涌而出，香气四溢，咖喱鸡肉完全展露。咖喱的香味很足，辣味的口感较为凸显，浓浓的东南亚风味在二次烹饪后完全渗入鸡肉中。大块的鸡肉和土豆，配上新鲜出炉的白米饭，简直是绝配。

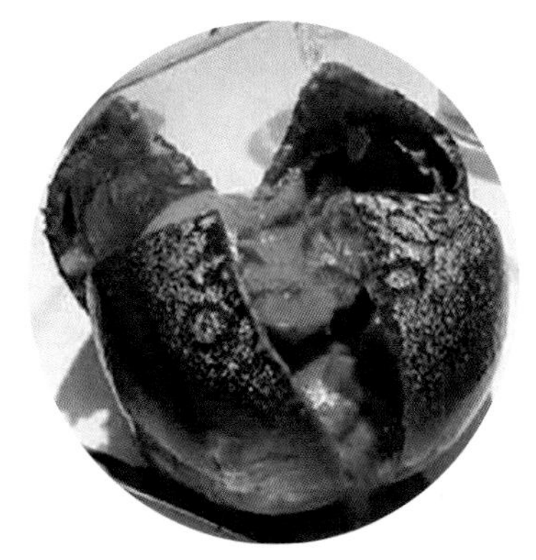

面包鸡

肥豚·炭烧

地址：广州市天河区天河路皇家国际饭店首层

七、Little PaPa 印度尼泊尔菜

Little PaPa 印度尼泊尔菜餐厅老板来自尼泊尔，最初他既想让大家吃上来自家乡的料理，又担心尼泊尔菜过于小众，于是打出了“印度尼泊尔菜”的招牌。而尼泊尔与北印度地理位置接近，菜色也十分相似。店内的香料和大米皆来自北印度，厨师也都从北印度请来。传统的北印度菜中并没有猪肉和牛肉，只以羊肉、海鲜和鸡肉入馔。在 Little PaPa 餐厅，咖喱、烤饼和烧烤是较大众的选择，咖喱里没有南印度和泰式咖喱中的椰奶香，取而代之的是浓郁的香料味。若喜好甜、辣的刺激口味，红咖喱是最佳选择，白、黄咖喱则相对清淡。在热闹的印度舞曲中以烤饼蘸着咖喱同食，饭毕喝上一杯马莎拉茶，正好可以结束舒坦的一餐。

Little PaPa 印度尼泊尔菜

Little PaPa 印度尼泊尔菜

地址：广州市天河区华利路 2 号爱丁堡国际公寓 103-104 号商铺

八、泰芒果

珠海红芒果饮食有限公司始创于2012年，旗下品牌“泰芒果”秉承“品质至上，服务第一”的经营理念，以“健康、快乐”为核心价值观来打造中国一流的精品时尚泰国料理餐饮连锁公司。泰芒果餐厅以咖喱皇炒蟹、明炉富贵鱼、冬阴功酸辣海鲜汤、炭烧猪颈肉、菠萝海鲜炒饭等特色招牌菜，迅速在珠海市场立足，并带头在珠海餐饮业刮起一股泰国美食风。

泰芒果餐厅特邀泰国顶级厨师，精心挑选上乘泰国原材料，用心为每一位顾客烹饪顶级泰国美食，让每一位顾客享受真正的泰国美味。餐厅装修风格新颖时尚，泰式壁画、装饰品等无不洋溢着浓厚的泰国风情。泰芒果华发世纪城店在珠海曾连续3年被TOP杂志社评为“最佳东南亚餐厅”，也是第一家和唯一一家在2015年被泰国领事馆授予“泰精选”称号的泰国餐厅。作为珠海顶级泰国菜食府，泰芒果餐厅沿袭了红芒果泰国餐厅一贯的精益求精的经营理念，以独具匠心的泰式烹饪及无微不至的用餐享受服务每一位到店之客。来泰芒果，可在柔美的灯光、精致的格局以及曼妙的音乐下，品尝咖喱皇炒蟹、冬阴功酸辣海鲜汤、黄咖

泰芒果餐厅

喱牛腩、炭烧猪颈肉和菠萝炒饭等招牌泰国菜，尽享泰国风情。

黄咖喱牛腩

马来西亚咖喱在烹饪时加入芭蕉叶和椰浆，口味偏辣。柔滑飘香的咖喱加上软糯的土豆和牛腩，其味道不仅层次感极强，而且醇厚。

黄咖喱牛腩

冬阴功酸辣海鲜汤

在泰语中，“冬阴”指的是酸辣，“功”指的是虾。各种药用的香草再配上新鲜海产熬成的美味汤头，酸味、辣味和香茅味都被椰浆包了起来，喝上一口，胃口大开。

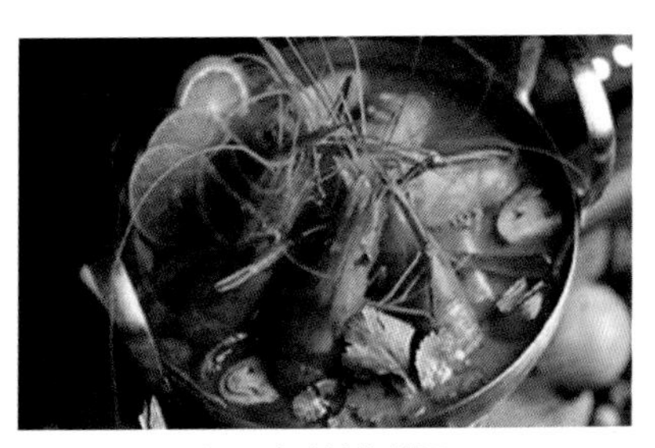

冬阴功酸辣海鲜汤

泰芒果

地址：珠海市香洲区九洲大道 2023 号富华里中心 6-107 号商铺

俄罗斯美食

俄罗斯 · 古姆百货商场　　聂影　摄

俄罗斯作为世界上领土面积最大的国家，受气候、地理位置、人文环境等方面的影响，形成了独具特色的俄罗斯饮食文化，其饮食文化简单来说是肉类多、油脂厚。俄罗斯的传统美食发展至今已具有其独特之处，包括众多的冷盘和热菜，丰富多样的面食，如馅饼、薄饼和面包（尤以黑面包为甚），种类繁多的粥及各种各样的汤。世界上最著名的俄罗斯传统饮食就是俄罗斯的冷盘，冷盘在世界上任何一种饮食文化中都没有像在俄罗斯饮食中这样占有如此重要的地位。

九、喀秋莎俄式西餐厅

喀秋莎俄式西餐厅是广州专营俄式西餐的餐厅。服务员均来自俄罗斯，却能说一口流利的中文，店里的客人大部分也都是外国人。喀秋莎俄式西餐厅店面挺大，晚上会有歌手驻唱，餐厅选用沉重的实木桌椅，墙上、桌子上装饰着色彩鲜艳的挂毯，暗色的灯光下，雕花的玻璃灯饰显得尤为璀璨。餐厅推荐菜品红菜汤，酸甜可口；红酒牛舌，牛舌柔软滑嫩，配上胡椒的酱汁和红酒，口感醇厚，香气四溢；现做的闷罐牛肉，牛肉经过长时间炖煮入味，肉质嫩滑，肉汁浓郁；俄式生鱼夹心沙拉，以玫瑰色的红菜头酱铺面，里面是腌制好的生鱼，不管是卖相还是味道，都令人惊喜；芝士土豆培根，芝士配上土豆，口感香滑，培根香而不腻，味道很棒；羊肉米饭也值得一试，羊肉毫无腥膻味，吸收了酱汁的米饭呈现金黄色，令人食欲大开，加上番茄酱，酸甜开胃。

喀秋莎俄式西餐厅

红菜汤

红菜汤是喀秋莎俄式西餐厅的必点菜式，味道浓郁的罗宋汤加入杂菜同煮，酸酸甜甜，非常可口，再加上一勺酸奶油，酸鲜并具，配上面包吃刚好。

俄式拼盘

一个拼盘里面包含6种不同做法的香肠，不同做法的香肠口感、味道差异很大，蘸着黄芥末食用，刚好可以领略不同的风味。

喀秋莎俄式西餐厅

地址：广州市天河区天河北路2号冰花酒店首层

法国美食

法国·卢浮宫

法国菜是西餐中最知名的菜系。法国人的一餐饭通常由汤、生菜或前菜、主菜、奶酪以及点心等配成。法国菜可以分成两大路线：一是沿袭宫廷风格的高级路线，二是由法国风土和历史所孕育的地方菜路线。西式料理讲究食材的新鲜，忠于原味、崇尚自然，其烹饪手法保留了食物完整的营养。以蔬菜为例，直接拌入沙拉或其他调味酱生食的吃法十分普遍；而海鲜料理，则采用清蒸烹调或只加入蔬菜煮汤，让食客充分享受海鲜熬煮出的鲜美滋味 。腌肉、香肠、牛排、羊排、鸡鸭肉、熏鱼等更是法式的经典菜肴，除了料理时采用不同的配料、手法外，适当的酱汁亦可提升食物本身的风味及口感。

十、三人行法国西餐厅

由法国归侨黄氏三兄弟于2004年合作开办，主营正宗法国西餐，餐厅装潢并不豪华，却保留了地道法式乡村小餐厅的味道，向来自世界各地的食客们分享着法餐文化。

餐厅主厨黄坚(Ken)是法餐大师，他先后入围欧洲最高级别美食鉴赏家评分，荣获最高级别美食家鉴赏家颁发的高分美食奖；获得法国国家旅游局颁发的美食奖、法国国家颁奖委员会颁发的美食蓝带奖（两次获得）、海外美食协会颁发的ESCOFFIER美食金奖，2005年获厨皇金奖，并荣升为MASTER(美食大师)，2013年获“中华御厨”称号，他将其数十年在法餐烹制上的心得与收获都投入到“三人行”的菜品制作上，让你在广州也能品尝到正宗地道的法式美食。

酥皮周打鱼汤

酥皮周打鱼汤

所谓“周打”，就是英语“Chowder”的谐音，意为杂烩。“周打鱼汤”，指的就是先炒熟食材，然后再下水和奶油等做汤，以浓鲜取胜。这里的酥皮，不但“酥”，有“千层”之感，而且还有淡淡的奶香。罐上汤，被上好的酥皮密封，拿到客人面前，在揭开酥皮闻到汤的香味之前，首先就闻到了那种在极好的面包店才能闻到的奶香和黄油香，然后揭开看到热腾腾的鱼汤，实在是让人食欲大增。

鲜煎鹅肝配金巴利汁

鹅肝冷热两种不同味道，冻鹅肝酱保留了鹅肝原味，又没有腥气，口感嫩滑可以涂抹在面包片上吃；煎鹅肝香浓可口，入口即化；酸甜的蔓越莓汁很好的化解了鹅肝的油腻，简直就是神来之笔。

鲜煎鹅肝配金巴利汁

烟熏鸭胸肉老醋蜜糖汁

精选 barbari 鸭，其特点是肉嫩而油脂少，吃起来不腻，先将鸭肉经过27℃低温烟熏，再煎煮，烟熏过的鸭肉，皮脆肉嫩，配以意大利老醋蜜糖汁，吃起来化解了烤鸭那层脂肪肥腻口感。

烟熏鸭胸肉老醋蜜糖汁

印第安帐篷

这是阿 Ken 在考察加拿大的牲畜产业时，听当地人讲印第安人的故事。他从中得到灵感，将加拿大猪手和与芝士结合，制作了这道菜品。

印第安帐篷

三人行法国西餐厅

地址：广州市番禺区白山路创意谷西门三人行法国西餐厅

十一、塞纳河（La Seine）法国餐厅

塞纳河（La Seine）法国餐厅从2002年以来一直坚持为食客们呈现上乘的法国佳肴，餐厅位于星海音乐厅内，是广州少数顶级法国餐厅之一。塞纳河（La Seine）法国餐厅以法国西餐为主，并以其烹饪的专业、出品的精致闻名世界。餐厅分为吸烟区和非吸烟区，红酒种类繁多，菜式多样，周末有自助餐。小竹篮装着餐前法式面包，涂抹黄油食用，口感非常香。餐厅招牌菜式法式鹅肝，肉质细腻滑嫩；和牛沙拉选用进口的澳洲和牛M3-5牛柳为原材料，加以特殊的烹饪手法，还原食材本来的味道，配上新鲜蔬菜和黑松露，再佐以法式特制的沙拉汁，吃起来肉质细腻、口感嫩滑；金枪鱼鞑靼原材料选用上等的大西洋红金枪鱼，配以橄榄油、干葱头、鳄梨酱、三色藜麦和干制的盐味海苔，再配上上好的黑鱼子酱，加上精美的摆盘，给食客以视觉与味蕾的双重冲击。

塞纳河（La Seine）法国餐厅

法式 T 骨牛排

法式蜗牛

餐厅招牌菜式之一，将香菇、火腿等切成丁，炒熟后装蜗牛壳内再焗，吃起来味香肉嫩。

法式 T 骨牛排

作为法国菜中的一道主菜，法国牛排与英国、美国、意大利、俄罗斯等国风味牛排不同，浓香扑鼻而口味清淡，做工精细又装盘漂亮。餐厅精选进口澳洲安格斯谷饲 T 骨牛排，即一块由脊肉和里脊肉构成的大块牛排，食客不仅可以品尝到油腴的菲力牛排，还能吃到爽韧的西冷牛排，体验非常丰富的口感。

法式蜗牛

塞纳河（La Seine）法国餐厅
地址：广州市二沙岛晴波路 33 号星海音乐厅首层

十二、FUEL 露台江景法餐

该店位于琶醍内，是一间很低调的法国餐厅。法国人一向善于吃，并精于吃，法国西餐至今仍名列世界西餐之首。法国是一个将美食视为一门绝高艺术的国家，烹饪法国菜，就像在雕琢一款珍贵的艺术品。

阿拉斯加帝王蟹配龙虾啫喱

此菜配有牛油果、花菜奶油、墨鱼汁脆片和有机香草，切碎的蟹肉

FUEL 露台江景

带着淡淡的海水咸味，配上龙虾汤啫喱，还有酸甜的番茄粒和牛油果，搭配新颖，卖相精致，十分吸睛，从色彩到布局都像是一幅画作。蟹肉沙拉融合了番茄碎、牛油果、墨鱼汁脆片、龙虾汤啫喱等，味道既有点鲜、又有点咸，还有点酸，很特别。

阿拉斯加帝王蟹配龙虾啫喱

面包蟹海鲜拼盘

面包蟹海鲜拼盘头盘的海鲜食材很出色，有不少是空运而来，每周进货 3 次，保证食材新鲜。其中特别推荐“新鲜生蚝搭配柠檬和小洋葱”，肉质滑嫩，鲜甜多汁，一点柠檬汁提鲜即可，爱吃生蚝的人一定不要错过。还推荐“法国面包蟹”，蟹壳里全是膏，蟹膏香浓丰腴。

面包蟹海鲜拼盘

FUEL 露台江景法餐

地址：广州市天河区阅江西路 118 号琶醍 B 区 4-5 层

土耳其美食

土耳其·卡帕多奇亚热气球　　崔坚志　摄

土耳其菜是世界三大菜系之一。土耳其具有得天独厚的地理优势，因为地处欧亚大陆交界处，所以在饮食上多有融合之处。肉类、蔬菜和豆类是土耳其菜的主要组成部分，肉类又以牛、羊、鸡为主。土耳其菜重在突出原料（主要是肉类和奶制品）的自然风味，讲究原汁原味，并以黄油、橄榄油、盐、洋葱、大蒜、香料和醋提味。在土耳其菜中，烤肉是其灵魂，是一切食物的主角，而不同食材制作而成的“糊糊”以及贯穿始终的酸奶也是餐桌上不可或缺的食物。

十三、苏坦土耳其餐厅

苏坦土耳其餐厅最早是开在广州的，这些年陆陆续续地在义乌等地扩张，还推出了热门餐吧 MADO。饼类食物是餐厅标志性的食物，有巨大的匍匐大饼、各种口味的比萨馅饼、用薄饼包裹着的羊肉卷，就连羊扒下面都放着薄饼。匍匐大饼做法与馕饼相似，面团揉透和匀后再烤制，撒上芝麻。刚刚端上来的匍匐大饼膨胀得像个热气球，但里面却是空心的，再勺子轻轻压一下，气体就跑出来了，饼皮超薄透光，吃起来很有韧性，香香软软。什锦烤肉卷用料十足，羊肉喷香、鸡肉爽嫩，双重口感混合，特调的酱汁包裹着薄饼，咸香可口，口感层次更丰富。米饭布丁，最上层是烤得相对较硬的黄灿灿的焦糖奶皮，而下层则是裹着米粒的布丁，焦糖奶皮有着悠长的清甜味，布丁软糯有弹性，奶味浓郁，加上圆滑爽口的米粒，完全不腻。餐后甜品土耳其酸奶，没有加糖，酸奶的状态很浓稠，无甜味更能感受到发酵过的原生味道，酸奶里加入黄瓜、橄榄油、罗勒叶，搅拌后口味更加清新。

苏坦土耳其餐厅

烤羊扒拼肉饼

烤羊扒拼肉饼

一份里面含有6块肉饼、2块羊扒，分量超足。羊肉表皮烤得焦脆，肉质很香，单吃膻味十足。用牛、羊肉馅加入香料，糜制成的肉饼，香气十足。

苏坦土耳其餐厅

地址：广州市越秀区环市东路367号白云宾馆（近丽柏广场）

十四、MADO

MADO被誉为土耳其国宝级美食，MADO在土耳其有700多家分店。世界上只有两种冰激凌是以发源地命名的，一种是罗马冰激凌，另一种是马拉许冰激凌。马拉许位于土耳其东南部，当地最具代表性的品牌是MADO，即马拉许（Maras）和土耳其语中冰激凌（Dondurma）的缩写。MADO之所以出名，在于它拥有独特的口感和质感，让全世界的吃货们迷恋。MADO冰激凌是通过融合山羊奶、兰花根、蜂蜜及水果萃取物制作而成。在广州MADO冰激凌店，除了原味冰激凌之外，其他口味多达24种以上，如酸樱桃、无花果、蜂蜜、覆盆子、奇异果、芒果、开心果等，其独特的风味让顾客有较多选择。

千层冰激凌

千层冰激凌

千层冰激凌的味道是由顾客自由选择的，一共可选4种口味，店家会根据选择的口味安排层次，较酸的口味与较甜的口味交错层叠。如果选择草莓、开心果、覆盆子以及原味4种口味，顾客便可尝到草莓的粒粒果肉、开心果的坚果香气、覆盆子的酸爽、原味的香甜，以及它们独特的绵软口感，从中仿佛能看到店家制作时的用心。

米饭布丁

米饭布丁表面是一层类似于双皮奶上的奶皮，需要用勺子大力戳破，底下是雪白的布丁浆，夹杂着煮得快要融化的米粒，丰富了口感，旁边还搭配了一个原味冰激凌球，奶香浓郁。

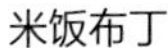
米饭布丁

MADO

地址：广州市越秀区环市东路 363 号

意大利美食

意大利·威尼斯夜景

意大利饮食文化以丰富而多元的味觉飨宴著称，各地区亦具有不同特色。意大利是世界上最知名的饮食文化地区之一，影响力亦达海外。干酪和葡萄酒是意大利饮食文化中最主要的食物，且政府针对葡萄酒制定了法定产区（DOC）等相关法律。意大利菜肴最为注重原料的本质、本色，成品力求保持原汁原味，烹调方法以炒、煎、烤、红烩、红焖等居多。通常将主要材料或裹或腌、或煎或烤，再与配料一起烹煮，从而使菜肴的口味异常出色，缔造出层次分明的多重口感。意大利菜肴对火候极为讲究，很多菜肴要求烹制成六七成熟，而有的则要求鲜嫩带血，例如罗马式炸鸡、安格斯嫩牛扒。意大利菜肴对米饭、面条和通心粉则要求有一定硬度。

十五、圣马可（SAN MARCO）意大利西餐厅

位于中洲国际的圣马可（SAN MARCO）意大利西餐厅靠近海岸城，餐厅外面设有很多露天座位。对着外面的玻璃操作间，可以看到甩饼的过程，店铺里面是典型的餐吧样式，有各类酒精饮料和大屏幕。老板曾在英国留学多年后，去上海从事西餐行业10余年，英文与中文都讲得相当不错。店内的所有管理方式、培训方式及烹饪工具，都是其他店不能比拟的。令人难以置信的是无论做比萨饼坯的面粉，还是番茄酱，都是进口的，做出来的东西味道纯正，截然不同，就连拌沙拉的青菜都是从香港运来，每包青菜到店里都已处理和清洗好。圣马可（SAN MARCO）意大利西餐厅的经典菜式意大利比萨，面团采用意大利北部圣卢卡村沿用了上百年的绝密配方，在比萨师精心照料下缓慢发酵12个小时，面团经过自然发酵，取出来后，撒粉，擀3下，上模具，撒配料，整个过程一气呵成，不超过2分钟，发酵后的香味可以充分释放到面团的每个角落。手工抛掷比萨，面团能够缓慢地变大变薄，酵母发酵后的CO_2气体可以保留，经过火山石恒温（超过300℃）的烤箱烤制后，3分钟便

圣马可（SAN MARCO）意大利西餐厅

可出炉，比萨会变得特别松脆可口。在烤制过程中，要密切观察芝士膨胀的过程，在适当的时候戳破气泡，比萨才能显现更好的口感。番茄酱是好比萨的灵魂，圣马可（SAN MARCO）意大利西餐厅的番茄酱采用意大利帕尔玛产区的慕意品牌，自然生长成熟的番茄无须添加任何的人工材料，几撮盐、一些香草料，便成就了最好的番茄酱。

卡塔尼亚比萨

卡塔尼亚比萨是店里最受欢迎的单品之一，制作灵感来自意大利卡塔尼亚大教堂广场，是一款口味十分火辣的比萨。在方形比萨上刷意式辣肉酱，再搭配萨拉米、烤甜椒、墨西哥辣椒和两种芝士，五彩缤纷的样子让人仿佛置身于广场。进烤箱3分钟出炉，金灿灿的，冒着热气，咬下去“嘎吱”脆响。新鲜出炉的比萨，饼底有2枚硬币厚，厚度不到4毫米，切下去“嘎吱嘎吱”的脆响，入口是火辣的感觉。

卡塔尼亚比萨

巴勒莫比萨

巴勒莫比萨算得上是意大利的国民比萨，这款比萨以意式番茄酱和西班牙腊肠衬底，搭配巴马臣等3种芝士，咬下去，微微拉丝。

圣马可（SAN MARCO）意大利西餐厅

地址：深圳市南山区海德二道98-100号中洲国际B座2A

十六、莫卡多（Mercato）露台餐厅与酒吧

该店菜品的设计概念源自名厨 Jean Georges“尊重食材，回归天然，任何烹饪与调制的目的都是让食材发挥其最佳风味口感”这一美食哲学，与意式料理简单却不失优雅的特色不谋而合。一直重视并强调食材的新鲜与天然是莫卡多（Mercato）露台餐厅与酒吧的准则，以此为本，新鲜现做也是餐厅一大特色。值得期待的是广州莫卡多（Mercato）露台餐厅与酒吧中同样设置了意大利原木烤炉，宾客现点的所有比萨都将在这个比萨吧中新鲜制作。来自意大利集市最新鲜的原材料与广府时令食材碰撞，产生的美妙风味，令人期待。

黑松露比萨

比萨是现烤的，饼底不硬、有韧性且脆，中间是流心蛋，一切开，蛋液就会溢出来，让人食欲大增。

黑松露比萨

餐前小吃

面包有 3 个种类，第一种加了无花果，第二种加了黑胡椒，第三种原味，这都是可以随时添加的。还配有酱球，酸酸的，开胃。

餐前小吃

莫卡多（Mercato）露台餐厅与酒吧

地址：广州市天河区珠江东路 6 号 K11 购物艺术中心 8 层 802 商铺

英国美食

英国 · 伦敦桥

英国的畜牧业较为发达，但由于地域和自然条件的限制，粮食和畜牧产品均需要进口，因此外来饮食文化对英国饮食习俗有一定程度的影响。英国人饮食口味偏清淡，追求原汁原味，饮食上偏爱牛肉、羊肉、禽类等。

十七、安薇塔英国茶屋

安薇塔英国茶屋是一家英伦风主题店，它把英式经典生活特色发挥得淋漓尽致。英式下午茶源于19世纪的维多利亚时代，因此也被称为维多利亚下午茶。安薇塔的品牌创办人Ann Chiang女士，将百年英国茶品牌、正统皇家骨瓷、英式下午茶及文学佐茶的概念融为一体，这就是英式下午茶的魅力。安薇塔英国茶屋秉承维多利亚下午茶的五大精髓：用最好的茶叶，用最好的瓷器，在最好的房间，邀请最好的朋友，谈论最知心的话题。

推荐茶点黄瓜三明治，在白面包吐司表面涂抹黄油、奶油、奶酪，然后均匀地放上两层用盐、糖、黑胡椒、苹果醋腌制的小黄瓜，再盖一层白面包吐司，去边，切成任意形状，做成黄瓜三明治。黄瓜微脆，酸酸的味道很突出，刺激着你的味蕾。香酥鸡，将鸡胸肉切片，加入黄姜粉、蒜粉、咖喱粉、盐、鸡蛋腌制，然后裹上面包糠炸至金黄。用切割机将

安薇塔英国茶屋

白面包吐司切成鸡胸肉大小，撒少许盐，放上酥鸡酱、鸡胸肉片、番茄丁、香菜。腌制的鸡胸肉很入味，经油炸后外酥里嫩，白面包吐司吸收了油脂，酥鸡酱味道咸香，番茄丁增加了清爽的口感。

味噌牛肉

味噌牛肉的灵感来源于厨艺界的大师戈登·拉姆齐。将牛肉最嫩滑的部分切成小条，放在红味噌酱和绍兴花雕酒中腌2～4天，腌好后的牛肉条用大火煎至外焦里嫩，放在薯片上，上面淋蛋黄酱和芥末。将大白菜叶切丝，用日本白醋、芝麻油拌好，撒在牛肉条上。大白菜的酸味和芥末的辣味激发出牛肉的酱香及融合的口感。

味噌牛肉

牛油果迷你塔丁

这是夏日特别流行的一道小食。将牛油果的果肉碾碎，加入青葱末、盐、1勺酸奶油拌匀。将法国长棍面包切片，刷上橄榄油，撒少许孜然粉，涂上拌好的牛油果泥，再放2颗蓝莓。牛油果泥似蛋黄的口感，搭配面包，柔软与韧劲、果香与面包香气、青葱与孜然的味道结合起来都非常奇妙。

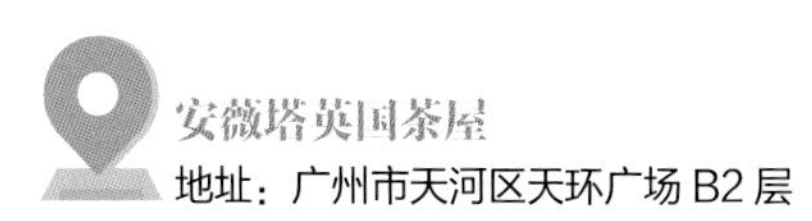

安薇塔英国茶屋

地址：广州市天河区天环广场B2层

十八、正在司康

正在司康是创立于2015年初的广州首家手工司康轻食品牌。一推开门就看到了巨大的落地玻璃窗，光线充足，正在司康运用了当下最火的金属元素装修，全是老板娘亲自设计的。玻璃窗和层高给予了空间极好的透光性和视野，当下流行的高级金色加灰蓝色系，让整个店与众不同，令食客可以在这里慵懒地度过惬意的下午。烘焙房运用了半透明的设计窗户，认真看会发现它是一个盒子拆开的样子，可以随时看到里面烘焙的情形。

正在司康

正在司康之所以取名“正在”，意义就是正在、此刻、当下，不能松懈的进行时，梦想要马上执行，这也很好地诠释了开店的初衷。据说司康是老板与他的爱人在英国留学时最留恋的味道，老板娘因为想念英国的司康，认真学习了烘焙，也把这份味道分享给了大家。司康（Scone），是英式快速面包的一种，也是英式下午茶的灵魂所在。司康的名字来源于苏格兰皇室加冕的地方的一块历史悠久的司康之石（Stone of Scone）。传统英式下午茶要用3层磁盘装盛，第一层盛放三明治，第二层盛放英式司康，第三层盛放蛋糕及水果塔。吃法由下及上，由咸到甜。一套英式下午茶，必须由4个部分组成：茶、三明治、司康与甜点。司康的地位举足轻重，一般放置在中层。除了优雅正式的下午茶，司康也是英国人平日里必备的简单茶点，在街边的小小咖啡馆，或者家中的早餐桌上，都可以看到不同形状、不同口味的司康。而张爱玲在《谈吃与画饼充饥》中描述司康："比蛋糕都细润，面粉颗粒小些，吃着更面些，轻清而不甜腻。"

清椰咖啡

将浓缩咖啡倒入新鲜的椰子水里面，两液相交似烟雾弥漫的感觉，看着清澈的椰子水慢慢混浊，对应杯纹上女孩手中的烟，仪式感十足。咖啡本来独有的酸涩味道被椰子水的清甜缓和，味道更容易入口并且层次丰富，苦中带甜，一股海浪般的夏日感扑面而来，这一切都由清爽椰青赐予。

清椰咖啡

乱乱司康

店内有3款自家制作的司康甜点深受食客欢迎，这款乱乱司康便是其中之一。虽然名字叫"乱乱司康"，但其实一点都不乱，类似裸蛋糕的形式是其独创，在英国本土没有，司康上面加上特制的奶油和水果，造型、摆盘都很美。奶油做得很细

乱乱司康

腻而又不油腻，搭配水果一起吃甜度适中。

奶香司康

奶香司康

烤好的奶香司康中间会有天然的裂缝，叫狼口。吃的时候要从狼口掰开，然后依次涂抹上奶油和草莓果酱，吃一点，涂一点。司康一定要趁热吃，感受奶油与松软的司康融合起来的酥滑与奶香，其味道在口中缠绵至久，可再配上一口冰咖啡解腻。

正在司康

地址：广州市番禺区万博四路荔园地产中心附楼 419